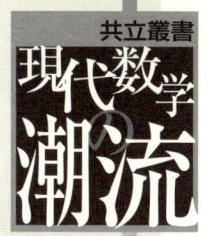

レクチャー結び目理論

河内 明夫 著

編集委員

岡本 和夫
桂 利行
楠岡 成雄
坪井 俊

共立出版株式会社

刊行にあたって

　数学には，永い年月変わらない部分と，進歩と発展に伴って次々にその形を変化させていく部分とがある．これは，歴史と伝統に支えられている一方で現在も進化し続けている数学という学問の特質である．また，自然科学はもとより幅広い分野の基礎としての重要性を増していることは，現代における数学の特徴の一つである．

　「21世紀の数学」シリーズでは，新しいが変わらない数学の基礎を提供した．これに引き続き，今を活きている数学の諸相を本の形で世に出したい．「共立講座　現代の数学」から30年．21世紀初頭の数学の姿を描くために，私達はこのシリーズを企画した．

　これから順次出版されるものは，伝統に支えられた分野，新しい問題意識に支えられたテーマ，いずれにしても，現代の数学の潮流を表す題材であろう，と自負する．学部学生，大学院生はもとより，研究者を始めとする数学や数理科学に関わる多くの人々にとり，指針となれば幸いである．

編集委員

はじめに

　現代科学のための数学の基礎として，数の理解（初等整数論），行列と行列式（線形代数学），微分と積分（解析学）が必修であることは常識になっているが，これらの教科より約100年遅く学問が開始された結び目理論の初歩も今日ではこれらに加える必要があるのではないかと筆者は考えている．というのは，科学技術の進歩により，結び目理論は数学はもとより大変多くの科学との本質的な結びつきがみられるようになっているからである．この本は，結び目理論と関係するどのような研究においても，基本的事項として知っているのが望ましい結び目や絡み目の全般的な理論を，講義形式で解説したものである．結び目理論の基本的道具は**トポロジー（位相幾何学）**(topology) の言葉で記述されるので，結び目や絡み目を利用してトポロジーの初歩を学ぶための教材にもなっている．

　第1講では，実際の生活や科学における一般的な知識としての絡み目について説明し，結び目理論の研究の目的やそのための数学の役割について説明する．第2講では，結び目理論の初歩となる絡み目とそれらの正則表示，ブレイド表示などの基礎的概念について解説する．第3講では，結び目や絡み目のトポロジーについての初歩的事柄を解説する．第4講では，結び目理論の文献などに説明なしでしばしば登場する標準的な絡み目の例について述べる．今日では，絡み目を識別するのに利用される位相不変量がたくさん知られているが，いまだ計算可能で完全な不変量は知られていない．また計算可能な不変量には，計算量が多くとり扱いの難しいものが少なくない．いろいろな絡み目の位相不変量を計算してみると合点がいくことであるが，一般的には強力な位相不変量ほど計算が厄介になっている．この経験は，数学の問題について"難しさ保存の法則"が成り立つ（言い換えると，難しい問題にはどのような方法を用いたとしても何らかの難しさがつきまとう）ことを実感させる[1]．第5講では，絡み

---

[1] しかしながら，手法を選ぶことにより問題が見易くなることは大いにあり得るし，また採用した手法の発達程度により問題が簡単に解ける場合もある．

目の位相不変量として，初学者が最初にとり扱うのが適当と筆者が考える，比較的単純な計算で済むゲーリッツ不変量について解説する．この講のねらいは，比較的簡単な手計算により標準的な絡み目の違いを実感させることである．結び目理論の研究においては，まず簡単な計算でどの程度の絡み目の違いがわかるかを見極める力量が必要であるので，このような訓練は必要といえる．第6講では，量子不変量の初歩的不変量であるジョーンズ多項式について解説する．第7,8講では，ザイフェルト行列から導かれる種々の位相不変量について解説する．絡み目はザイフェルト曲面とよばれる曲面の境界になっているが，それに付随してザイフェルト行列という正方整数行列が得られる．結び目理論においては，これから導かれる絡み目の位相不変量（アレクサンダー多項式・コンウェイ多項式，符号数，アーフ不変量など）は最も標準的な位相不変量であり，常識化しておくのが望ましい概念である．第9講では，ジョーンズ多項式とコンウェイ多項式を一般化しているスケイン多項式について，スケイン多項式の係数多項式族であるスケイン多項式族の観点から解説する．第10講では，結び目理論本来の目的である絡み目の分類法を，筆者が導入して田山育男氏と共同で研究している整数格子点表示の観点から，解説する．具体的には，整数格子点全体に'自然な'整列順序を導入して，整数格子点表示の長さ8までの擬似素絡み目の分類表を示す．これは第9講までに述べた考え方や不変量により確認できる表であり，この分類表のようになるかどうかを実際にいろいろな考え方や不変量を用いて試してみることは結び目理論を習得する上で適切な訓練であると考えている．また，特講では，絡み目の巡回被覆の理論を解説する．特に，第10講までででは詳しく論じることのできなかった2橋絡み目の2重分岐被覆空間としてのレンズ空間論の説明および第4講のゲーリッツ不変量の位相幾何的な意味づけをここで行い，それと関連する絡み目の彩色可能性についてもここで解説する．付録には，補足的注意，参考書，そして各講末の問題の解答の簡単な説明が含まれている．

　最後に，誤記やコメントをご指摘くださった編集委員および同僚の金信泰造教授に感謝申し上げます．

2007年5月

著者

目 次

第1講 結び目の科学　　1
1.1. 科学における結び目のいくつかの実例　　1
1.2. 結び目の数学研究　　6
1.3. 研究の歴史的経緯　　13
1.4. 第1講の補充・発展問題　　14

第2講 絡み目の表示　　16
2.1. 絡み目の図式　　16
2.2. 図式の複雑度　　21
2.3. ブレイド表示　　23
2.4. 第2講の補充・発展問題　　31

第3講 絡み目に関する初等的トポロジー　　33
3.1. ザイフェルト曲面　　33
3.2. 最初の計算可能な位相不変量：絡み数　　38
3.3. ザイフェルト曲面と結び目の交叉数　　42
3.4. 第3講の補充・発展問題　　47

第4講 標準的な絡み目の例　　49
4.1. トーラス絡み目　　49
4.2. 2橋絡み目　　51
4.3. プレッツェル絡み目　　53
4.4. 第4講の補充・発展問題　　55

第 5 講　ゲーリッツ不変量　　57

5.1. ゲーリッツ不変量の求め方 57
5.2. ゲーリッツ不変量のいくつかの計算例 61
5.3. ゲーリッツ不変量の位相不変性の証明 65
5.4. 第 5 講の補充・発展問題 73

第 6 講　ジョーンズ多項式　　75

6.1. カウフマンのブラケット多項式 75
6.2. ジョーンズ多項式が存在すること 80
6.3. ジョーンズ多項式の定義式とその計算 83
6.4. 第 6 講の補充・発展問題 91

第 7 講　ザイフェルト行列 I：構成と位相不変性　　92

7.1. ザイフェルト行列の構成 92
7.2. ザイフェルト曲面のハンドル同値類の位相不変性 97
7.3. ザイフェルト行列の S 同値類の位相不変性 100
7.4. 第 7 講の補充・発展問題 101

第 8 講　ザイフェルト行列 II：アレクサンダー不変量　　103

8.1. アレクサンダー多項式とコンウェイ多項式 103
8.2. アレクサンダー加群 107
8.3. アーフ不変量と符号数 110
8.4. 第 8 講の補充・発展問題 119

第 9 講　スケイン多項式　　121

9.1. スケイン多項式族の定義式 121
9.2. スケイン多項式族が存在すること 123
9.3. スケイン多項式族の性質 133
9.4. 第 9 講の補充・発展問題 138

第 10 講　絡み目の分類　　140

10.1. ブレイド表示から整数格子点表示へ 140
10.2. 格子点による絡み目の分類法 142

10.3. 格子点の長さ 8 までの擬似素絡み目の分類表	147
10.4. 第 10 講の補充・発展問題	149

特講　絡み目の巡回被覆論 151

S.1. 絡み目の巡回被覆 151
S.2. 2 橋絡み目とプレッツェル絡み目の 2 重分岐被覆 154
S.3. ゲーリッツ不変量の位相幾何的意味 163

付録　補遺，参考書，問題の解説 172

索　引 195

第1講
結び目の科学

　この講では，実際の生活や科学でどのように結び目現象の起こっているかということ，および結び目現象の数学研究の概要，歴史について解説する．1.1節では，実際の生活や科学における結び目現象の例を挙げる．1.2節では，結び目現象の数学研究の概要を説明する．1.3節では，結び目現象の数学研究の歴史的経緯を簡単に述べる．

1.1. 科学における結び目のいくつかの実例

　結び目現象 (knotting phenomenon) とは，われわれの住むこの3次元空間 R^3 の中で起こるひも状のものの絡んだ現象のことである．実際の生活や自然科学の中で結び目現象を見出そうとするときには，ひもとみなせるような科学的対象の認識が重要なカギとなる．この節では，ひもとみなせるような対象について，いくつかの例をあげる．

例 1.1.1　三編みは3本のひもを図 1.1 のように編んだものである．この編み方は髪の毛を三つに束ねて編む方法として一般的に知られているが，縄文土器の文様にも三編みを利用して作られたものがある．三編みはわらのように短いひもから縄のように長いひもをつくる技術であるが，この技術は縄文時代から

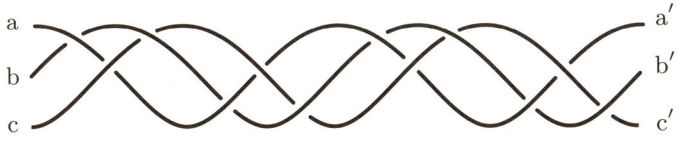

図 1.1　三編み

2　第 1 講　結び目の科学

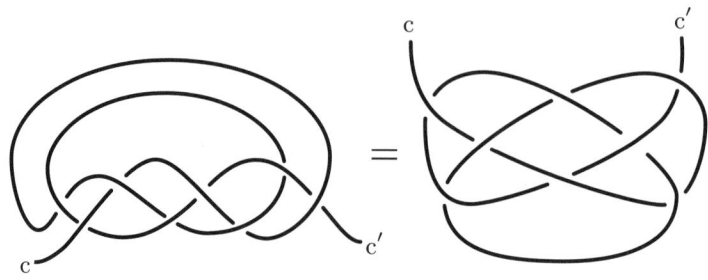

図 1.2　「水引き用」の結び目（あわび結び）

すでに知られていたことがわかるのである．また，図 1.2 のように 8 交差の三編みの a と a' および b と b' をつなぎ変形すると，古来から贈答用に使われた「水引き用」の結び目（あわび結び）ができる．多少変形が難しくなるが，b と b' および c と c' をつないでも同じ結び目ができる．このように結び目は文化人類学的な興味もある研究対象でもある．

例 1.1.2　鎖（チェーン，図 1.3 参照）は，粗く見れば 1 本のひもとみなせるが，もう少し細かくみれば輪がひも状に次々と絡んだ状態ともみなせる．

図 1.3　チェーン

例 1.1.3　平面上のいくつかの粒子が衝突せずに動き回るとき，時間をパラメータとしたその軌跡は，平面と時間軸の積空間である 3 次元空間内の曲線の束となる．三編みはこの特別の場合と考えられる．さらに，突然なにもないところに点が出現して瞬時にそれが 2 点に分離していくような状態と 2 つの粒子が衝突して消滅するような状態を付け加えてもよい．このような粒子の動きの全体を研究する学問である量子力学に登場する"分配関数"（付録参照）を解くための十分条件であるヤン・バクスター方程式（図 1.4）は，結び目の位相を区別するための不変量と密接に関係していることが 1980 年代の後半頃から知られる

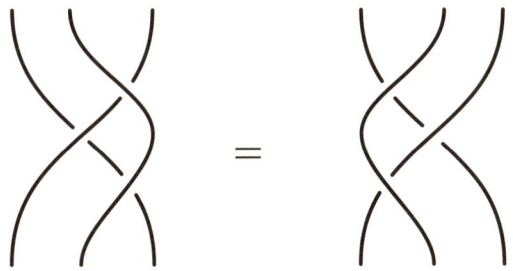

図 1.4 ヤン・バクスター方程式

ようになった（付録参照）.

例 1.1.4 DNA は 2 重らせんの 2 本の長いひもと考えられ，それを一本のひもとみたとき，例えばウイルスやバクテリアの DNA のように両端がくっついて輪になるもの（DNA 結び目）もある（図 1.5 参照[1]）.

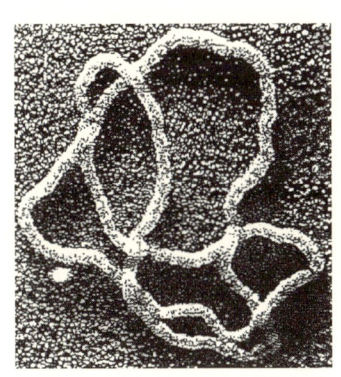 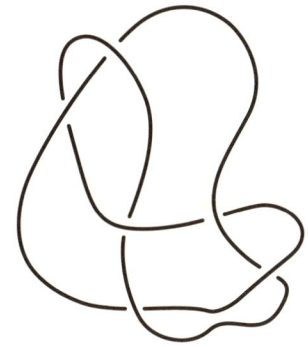

図 1.5 DNA 結び目

例 1.1.5 化学における分子グラフとは，分子中の原子をグラフの頂点で表し，分子中の 2 つの原子が共有結合のような結合で結ばれているとき，それらの原子に対応する頂点を辺で結んでできる 3 次元空間内のグラフ（空間グラフ）の

---

[1] 掲載については N. R. Cozzarelli 教授に感謝する (S. A. Wasserman, J. M. Dungan, N. R. Cozzarelli, *Science*, 229(1985), 171–174 参照).

図 1.6　分子グラフ

ことである（図 1.6）．分子のトポロジーとは，辺の連続的な変形の可能性をはじめから仮定して，分子グラフを研究する学問である．応用上個々の原子の違い（炭素の原子，酸素の原子，窒素の原子など）を無視できないので，必ずしも化学のすべての問題が分子のトポロジーの問題に還元されるわけではないが，同じ分子の構造式をもっていても，3次元空間への入り方の違いで異なる性質を示すことがあり，結び目現象の起こっている状態の1つとしてとり扱うことは重要な見方といえる．

例 1.1.6 蛋白分子の第一構造というのは，基本単位の α アミノ酸基がペプチド結合でチェイン状につながった分子構造のことであり，これはひもとみなすことができる（図 1.7 参照）．このチェイン状の分子構造は，一般に α ヘリックスという強固ならせん形の部分をいくつか含んでおり，それらを β シートと呼ばれるジグザグ部分でつないだような構造をしているのであるが，これに関する構造を第二構造という．第三構造というのは，このチェイン状の分子構造が3次元空間内にどのように配置されているかという空間構造のことである．この分子構造は，一般に3次元空間内でS-S結合（ジスルフィド結合）とよばれる結合によって何カ所かで縛られている．したがって，蛋白分子の第一構造をひもと思えば，その空間構造は何カ所かで接しているようなひもと思うことができる．この蛋白分子のひもは両端が開いており，両端がつながっていないひもはいかにして結び目とみなせるかという，新たな問題が結び目の研究に提起されている．髪の毛はそれ自体ひもであるが，タンパク質であるので分子レベルでもひも状になっている．

例 1.1.7 プリオン蛋白は遺伝子をもたない蛋白で，一般的には正常プリオン

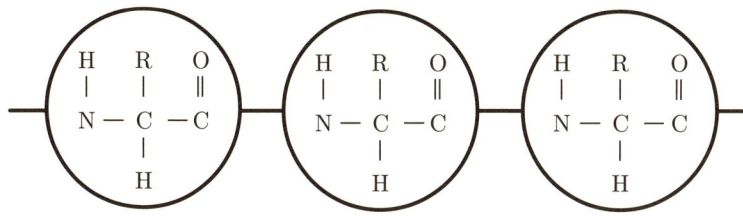

図 1.7 タンパク分子はひもである

も異常プリオンも同じ第一構造をもっており，一方の端がともに細胞膜にくっつき，また共に1個所 S-S 結合で縛られていることなどがわかっている．したがって位相的には正常プリオンも異常プリオンも一方の端点が共に平面にくっついており，また共に1つのループをもつようなひもと考えられる（図 1.8 参照）．正常プリオンはかなり整然とした空間構造をもつ．異常プリオンは，正常プリオンと違い，蛋白分解酵素によって分解されないし，また一部分が空間に投げ出された状態にあると考えられている．

さて，狂牛病最大の謎は正常プリオンと異常プリオンが出会うとどのような仕組みで2つの異常プリオンに変換されるのかということであるが，自明でない結び目や細胞膜が S-S 結合によるループを通過できないと仮定するならば[2]，理論的には"プリオン結び目"は実在可能であるという点を注意しておきたい．図 1.8 の (1) と (2) は一見異なるように見えるが，結び目としてみれば同じものになる（つまり，あやとりの要領で同じ形に変形できる）．しかしながら，(3) は結び目としてみても (1) とは異なる（つまり，あやとりの要領で変形できない）ことを示すことができる（問 1.4.7）．

---

[2] このような仮定なしには，プリオンのわれわれのモデルは (1) に変形できる．一方，最近わかった結果として，n 個のプリオンの集まり K_i ($i = 1, 2, \ldots, n$) があるとき，もう1個のプリオン K_{n+1} を付け加えて，プリオンの集まり K_i ($i = 1, 2, \ldots, n+1$) を（この仮定なしに）分離できないようにできる．このような絡まりは互いにあやとりの変形で移りあうものを除いて無限個存在する．その中には，K_{n+1} の付け根からループの S-S 結合部までの間のひもの一部を K_{n+1} の S-S 結合部を1回通過させることにより，もとのプリオンの集まり K_i ($i = 1, 2, \ldots, n$) と K_{n+1} が分離するようなものも存在する．これらの結果は，筆者のイミテーション理論の帰結として得られる：A. Kawauchi, Almost identical imitations of (3,1)-dimensional manifold pairs, Osaka J. Math. 26(1989),743-758；Almost identical link imitations and the skein polynomial, in:Knots 90(1990), 465-476, Walter de Gruyter, Berlin-New York. この性質は，プリオン (PrP^C, PrP^{SC}) の知られた性質と一致している．

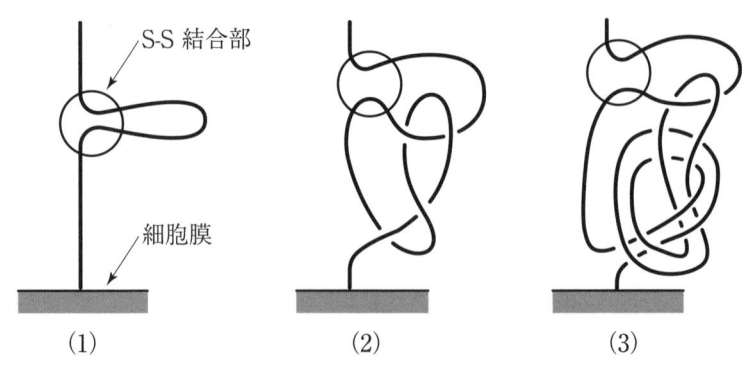

図 1.8　プリオン結び目

例 1.1.8　地震計とは，観測地点での地震動の軌跡を時間をパラメータとする空間曲線（地震曲線）として描く機械であり，この地震曲線も結び目現象の起こっている状態といえる．

例 1.1.9　土星の輪は閉曲線の束と思えるが，そのうちの F 環と呼ばれる輪には絡んでいる部分がある．

　以上述べた例を検証することにより気付くことであるが，結び目の「ひも」を柔軟に考えれば，自然現象の中にいろいろな結び目現象を見出すことができ，結び目現象とはわれわれの住むこの 3 次元空間の中の自然現象の本質的側面の 1 つといえる．結び目の研究は自然を深く理解するうえで大変有望な学問分野であり，誰しも早期の段階で学習するのが大変望ましいといえよう（付録参照）．

1.2. 結び目の数学研究

　前節では，3 次元空間 R^3 内で起こるいろいろな"ひも"の実例をあげたが，数学的には R^3 内の**ひも** (string) とは，R^3 内の単純折線あるいは単純折線の一部あるいは全部を滑らかな（微分可能で連続な）単純曲線で置き換えたようなもので，伸び縮み自由なものと考える．**結び目** (knot) とは，向き付けられたひもの絡んだ状態のことであるが，科学的には輪のようになって絡んでいるひもの状態を意味する（ひもの向きは必要ないところでは省略される）．例えば，

1.2. 結び目の数学研究　7

図 1.9　正三葉結び目　負三葉結び目　ホップの絡み目　ボロミアン環

図 1.9 の左側 2 つはそれぞれ**正，負三葉（みつば）結び目** (positive, negative trefoil knot) と呼ばれている結び目である．2 つの結び目があるとき，あやとりの要領でひもを変形して，向きを込めて同じ形にできるならば，それらは**同じ結び目** (the same knot)，または**同型な結び目** (knot of the same type) であるという．ただし，大きさは無視して考えることにする．なお，「あやとりの要領で変形する」とは，図 1.10 の**ライデマイスター移動** (Reidemeister moves) I, II, III の有限回の変形を行うことである．あやとりの要領で，交差点のない円周の形に変形できるような結び目を**自明結び目** (trivial knot) という．あやとりは，自明結び目にはいろいろな形があることを教えてくれるばかりでなく，自明結び目の判定さえも容易でないことを実感させる．またいくつかの結び目の集まりを**絡み目** (link) という．例えば，図 1.9 の右側の 2 つはそれぞれ**ホップの絡み目** (Hopf's link)，**ボロミアン環** (Borromean rings) とよばれる絡み目

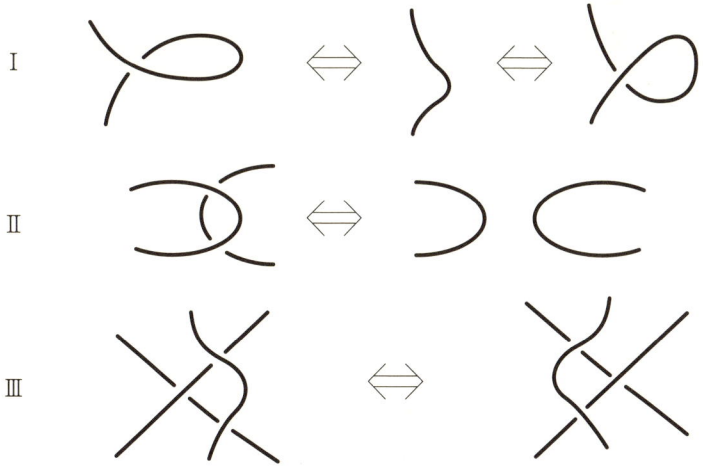

図 1.10　ライデマイスター移動

図 1.11　同じ結び目・絡み目

である．2 つの絡み目についても，結び目同様，ひもをあやとりの要領で，いいかえるとライデマイスター移動 I, II, III の有限回で変形して同じ形にできるならば，それらは**同じ絡み目** (the same link)，あるいは**同型な絡み目** (link of the same type) であるという（図 1.11 参照）．あやとりの要領で，交差点のない絡み目に変形できるような絡み目を**自明絡み目** (trivial link) という．この本を通して，表現の単純化のために，結び目を"成分数 1 の絡み目"として絡み目の仲間と考えることにする．

結び目理論研究の目的は，つぎの 2 つに大別される．

同型問題　2 つの絡み目があるとき，それらが同型な絡み目であるかどうかを判定せよ．

分類問題　すべての絡み目の同型なものを除いた表を作成せよ．

同型問題を解くとは，いいかえると，絡み目の同型なものに対して不変な量，すなわち**絡み目不変量** (link invariant) とよばれている計算可能な位相不変量を開発することである．今日までに多くの強力な絡み目不変量が開発されてきたが，いまだに完全なものは見出されておらず，多くの数学や理論物理学の理論との関連で不変量の開発研究が行われている．この本の主目的は，研究の最初に知っているのが望ましいいくつかの絡み目不変量を紹介することであるから，基本的ではあるがあまり進展していない特別な同型問題，すなわち**可逆性の問題** (invertibility problem) のような問題は，詳しくは論じていないことを注意しておく．可逆性の問題とは，1928 年の J. W. Alexander の論文で論じられた問題で，与えられた絡み目が可逆的かどうか（すなわち，その結び目成分の向きをすべて反対方向に変えたものと同型になるかどうか）を判定せよ，と

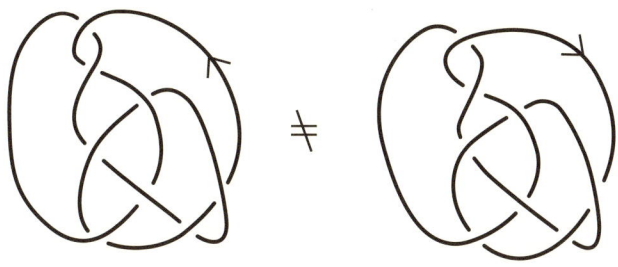

図 1.12　非可逆的結び目 8_{17}

いう問題である．1964 年に初めて H. F. Trotter により非可逆的結び目の存在が確認された（定理 4.3.2 参照）が，今日非常に多くの結び目不変量が開発されているにもかかわらず，計算可能な非可逆性判定の不変量は，特別なクラスに適用できるものを除いて，いまだ発見されていないのが現状である．ついでながら，結び目の交差数の意味で最も簡単な非可逆的結び目は 8_{17} と呼ばれる（この本の第 10 講の分類表には，$(1^2, -2, 1, -2, 1, -2^2)$ として登場する）交差数 8 の結び目で，そのことを 1979 年に筆者は示すことができた（図 1.12）[3]．

分類問題は同型問題と密接に関連して研究がなされている．絡み目を表示する際に**交差点** (crossing point) の数，すなわち**交差数** (crossing number) が表示の際の重要な数値であり，これに着目して分類表を作成するのが一般的であるが，この本では，田山育男氏と共同で研究している整数格子点表示の観点から，整数格子点の長さ 8 までの素な絡み目の分類を実行する．普通の日常生活では，両端のあるひもでできた結び目 k を考えるのが普通である．そのときには，そのひも k があるコンパクトな領域（いいかえると，有界閉領域）E の中に置かれており，しかも k の 2 つの端点が E の境界曲面 ∂E 上にあると考える．一般に，両端のある何本かのひもを含む絡み目 t があるコンパクトな領域 E の中に置かれており，しかも t のすべての端点が E の境界曲面 ∂E 上にあるような対 (E, t) を**タングル** (tangle) という（図 1.13 参照）．ここでは，E として，球状領域をとるのが普通である．2 つのタングル (E, t) と (E, t') があるとき，それらを同じものとみなす考え方には 2 つの考え方がある．タングル t, t'

---

[3] 筆者, The invertibility problem on amphicheiral excellent knots, *Proc. Japan Acad.*, 55(1979), 399–402. F. Bonahon と L. C. Seibenmann も同時期に異なる方法で証明したが, 論文としては未発表である. その証明は付録の文献 [4] の英語拡大版にある.

図 1.13　タングル

をあやとりの要領で E 内で動かし，かつそれらの端点を境界曲面 ∂E 内で動かして，t, t' が同じ形にできるとき，それらは**弱同値** (weakly equivalent) であるという．また，端点を動かさずにタングル t, t' をあやとりの要領で E 内で動かして同じ形にできるとき，それらは**強同値** (strongly equivalent) であるという．このようにタングルの概念を導入すると，ひもとみなされる対象があれば，絡み目の同型問題や分類問題を一般化した問題へと展開させることができ，種々の研究がなされている．

　例 1.1.4 の分子グラフに関して述べたように，3 次元空間 $\boldsymbol{R}^3$ 内に有限個の点をとり，それらを端点とするような互いに交わらない何本かのひもの和を**空間グラフ** (spatial graph) という（図 1.6 参照）．このとき，あらかじめ与えた点を**頂点** (vertex)，頂点をつないでいるひもを**辺** (edge) という．空間グラフの結び目現象を考える上では，各頂点には 3 本以上の辺が集まっているような場合を考えれば十分なので，空間グラフというときには，そのように仮定することにする．そのとき，頂点がないような空間グラフは絡み目となるので，空間グラフは結び目の自然な拡張の 1 つと考えられる．2 つの空間グラフ K, K' を考えるとき，絡み目の場合と同様，あやとりの要領で K が K' に変形されるならば，それらは**同じ空間グラフ** (the same spatial graph) あるいは**同型な空間グラフ** (spatial graph of the same type) という．ここでは，「あやとりの要領で変形する」とは，絡み目のライデマイスター移動 I, II, III（図 1.10）に図 1.14 の変形も加えて，それらの有限回の変形を行うということである[4]．絡み目の

---

[4] 移動 V についてはさらに制限した移動のみを許す考え方もあるので，注意が必要である．

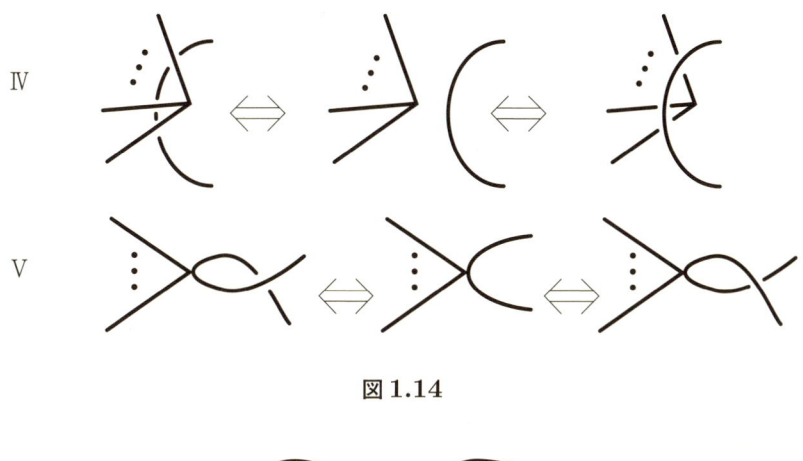

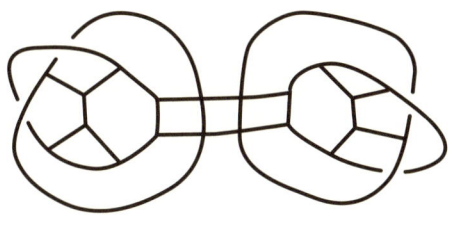

図 1.14

図 1.15

同型問題や分類問題をこの空間グラフの場合へ一般化した問題も研究されている．空間グラフ K が**アカイラル** (achiral) であるとは，K の鏡像 K^* と K が同じ空間グラフになることである．また，空間グラフ K が**カイラル** (chiral) であるとは，それがアカイラルでないことである．図 1.6 の空間グラフはカイラルとなる例（問 3.4.6 参照）で，図 1.15 の空間グラフはアカイラルとなる例である．高分子合成化学においては，与えられた分子グラフがカイラルかどうかを判定する問題，いわゆる**カイラリティーの問題** (chirality problem) は重要な問題であるが，空間グラフは眺める視点を変えれば違う形に見えるのであるから，カイラリティーの問題は空間グラフの同型問題の典型的な問題といえる．

結び目や絡み目は 3 次元空間の中にあることで意味をもつのであり，3 次元現象の 1 つといえるが，実は絡み目は 3 次元の位置的側面の本質を表している現象といえる．さらに結び目の動きを考慮する現象は，3 次元に時間というも

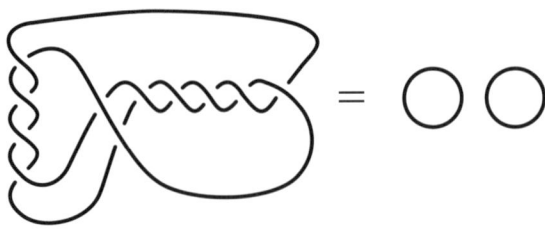

図 1.16

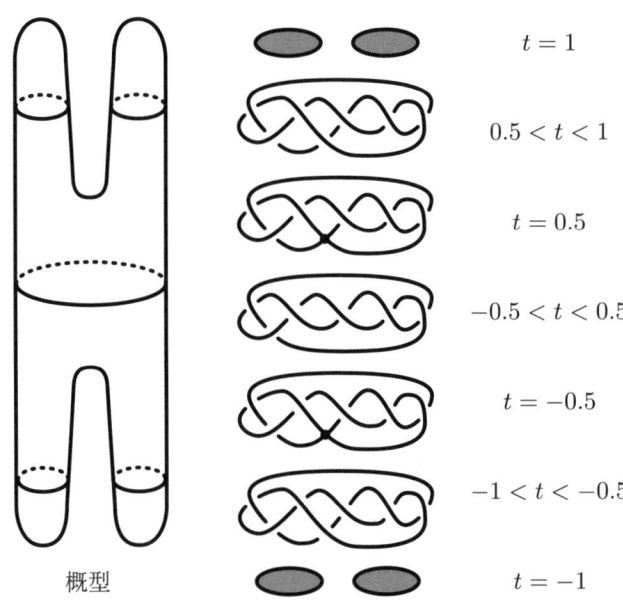

図 1.17　4 次元空間内の結ばれた球面

う 1 次元が加わる現象であるので，それは 4 次元的現象と考えられる．例えば，図 1.16 の左図のような絡み目は，ライデマイスター移動により，図 1.16 の右図の自明絡み目に変形される．このような図形の変形の考察をいろいろな絡み目の図で行うことは，4 次元的現象への理解が深まることであり，種々の科学現象を深く理解する上で重要な訓練といえよう．図 1.17 は，3 次元空間内の図形変化をみることにより 4 次元空間 $\boldsymbol{R}^4$ 内の球面 K を描いたものである．この

描画法は**動画法** (motion picture method) とよばれている．この球面 K は**結ばれている** (be knotted)，すなわち $\mathbf{R}^4$ の超平面に自己交叉することなく押し込む，ことができないのであるが，それらしく思えるようになるにはそれなりの 4 次元を視る訓練が必要である（付録参照）．

1.3. 研究の歴史的経緯

結び目理論は，C. F. Gauss の弟子の J. B. Listing の 1849 年のメモにまで遡れる．そのメモには，8 の字結び目の鏡像はまた同じ結び目になることが書かれている（図 1.18）．このような性質をもつ結び目を一般的に**もろて型の結び目** (amphicheiral knot) という．結び目は空間グラフの特別の場合であるので，**アカイラル結び目** (achiral knot) と呼ぶ研究者もいる．エーテルの渦巻きが原子である，とする 19 世紀末の渦巻き原子説と結びついて結び目は科学的に研究されるようになったというのが定説である．1930 年代まではドイツの K. Reidemeister, H. Seifert やアメリカの J. W. Alexander らを中心として，重要な研究がなされていたが，この渦巻き原子説の誤謬の影響もあってか，1940 年代には結び目を対象とした研究論文が出版された形跡がないなど，順調に結び目理論の研究が進展してきた訳ではない．1940 年代の終わりから 1970 年代までは R. H. Fox らを中心として，数学的な基礎理論の確立に向かって，研究がなされた時機といえる．この頃から日本でも，寺阪英孝を中心に本間龍雄，樹下眞一（後アメリカ移住），村杉邦男（後カナダ移住），矢島猛，細川藤次ら多くの人々の寄与がなされはじめた[5]．結び目理論は，1980 年頃から数学の種々

図 1.18　8 の字結び目 = 8 の字結び目の鏡像

---

[5] 現在日本には数多くの優れた結び目理論研究者達がいて，日本は世界の主要な研究センターの 1 つに数えられるまでになっている．

の最先端研究と関連して研究されるようになり，また1980年代半ば頃から科学技術の進歩と相まって量子統計力学などの物理学や遺伝子合成，ポリマーネットワークなどの生化学，工業化学，さらには量子計算システムなど，数学以外の大変多くの科学との本質的な結びつきがみられるようになり，結び目理論の初等教育の重要性が世界的に認識されはじめている．

1.4. 第1講の補充・発展問題

問 1.4.1 球状領域 E 内の両端が一致した1本のひものタングル k, k' に関して，k と k' が弱同値ならばそれらは強同値であることを示せ．

問 1.4.2 図 1.19 の球状領域 E 内のタングル t, t' は弱同値であるが，強同値でない．このことをホップの絡み目が自明絡み目でないことを用いて示せ．

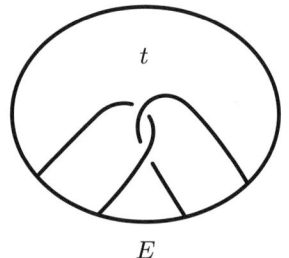
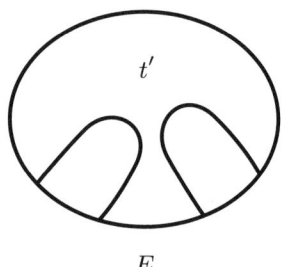

図 1.19

問 1.4.3 図 1.16 の左図の絡み目が自明になることを示せ．

問 1.4.4 図 1.20 の結び目は自明であることを示せ．

問 1.4.5 平面上の一筆書きできるグラフには，奇数個の辺が集まっている頂点が存在しないか，あるいはちょうど2個存在することを示せ．

問 1.4.6 奇数個の辺が集まっている頂点が存在しないか，あるいはちょうど2個存在するような平面上の連結グラフは，各頂点に集まる辺に適当な上下をつけることにより1本のひもにできること（したがって，そのようなグラフは一筆書きができること）を示せ．

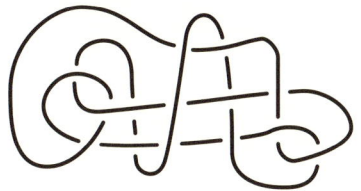

図 1.20

問 1.4.7 図 1.8 の (1) と (2) は互いにあやとりの要領で変形できることを示せ．また，三葉結び目が自明結び目でないことを用いて，(3) は (1) に変形できないことを示せ．

問 1.4.8 図 1.1 の 8 交差の三編みの a と a′, b と b′ および c と c′ をつないでできる結び目の交差点以外の任意の 1 個所を切断して絡まないように広げると「水引」用の結び目（あわび結び）ができることを確かめよ．

問 1.4.9 8 の字結び目とその鏡像は同じ結び目であること（すなわち，図 1.18）を示せ．

第2講
絡み目の表示

絡み目は3次元空間の中にあることではじめて意味をもつのであるが，普通は平面上の図式として絡み目を表記する．この講では，そのような表示について解説する．2.1節では絡み目の図式を解説し，2.2節では図式の複雑度を考える．2.3節では，絡み目のブレイド表示について解説する．

2.1. 絡み目の図式

絡み目 L を見ようとするときには，実際には3次元空間内のある平面上に射影して見ていることに気づくだろう．したがって図示するとき，その射影図には一般的にはいくつかの交差点が生じる．絡み目はひもでできているのだから，射影する平面をわずかに傾けることで，すべての交差点が2重交差点であるように射影することができるし，あるいは，3次元空間内の絡み目をわずかに変形してから射影しても2重交差点のみの射影図が得られる（図 2.1 の a 参照）．

a

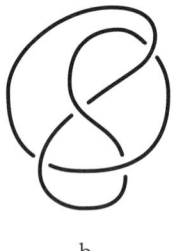
b

図 2.1　射影図 a と図式 b

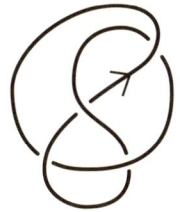

図 **2.2** 向きづけられた図式

2 重交差点には 3 次元空間内での高さに関する上下の情報も含まれているので, 図 2.1 の b で示されているように上方の交差点のみを表記すると自然な形で絡み目を表示できる. このような表し方を絡み目の**図式** (diagram) という. 普通, 絡み目には**向き** (orientation) がついていると考えていて, それは図 2.2 にみられるように矢印をつけて表しているが, 必要ないときにはその矢印が省略されることも多い. 1.2 節で述べたライデマイスター移動 I, II, III は絡み目の図式の間の変形に他ならない. 3 次元球体 $B^3 = \{(x, y, z) \in \boldsymbol{R}^3 \mid x^2 + y^2 + z^2 \leqq 1\}$ 内の端点が円周 $S^1 = \{(x, 0, z) \mid x^2 + z^2 = 1\}$ 上にあるようなタングル t についても, 円板 $B^2 = \{(x, z) \mid x^2 + z^2 \leqq 1\}$ 内の射影図で, 射影図の交差点が 2 重点のみであり, かつ絡み目の場合と同様な交差点表記をもつようなものを考えて, それをタングル t の**図式** (diagram) という. そのとき, 1.2 節の B^3 内のタングルの間の強同値とは, B^2 内部でのタングルの図式がライデマイスター移動 I, II, III の有限回の変形により移りあうことに他ならない. 同様に, 空間グラフについても, 射影図の交差点が 2 重点のみで, 絡み目の場合と同様な交差点の表記をもつようなものを考えて, それをその空間グラフの**図式** (diagram) という. 空間グラフのライデマイスター移動 I〜V も空間グラフの図式の間の変形である. $\boldsymbol{R}^3$ 内の 2-**セル** (2-cell) とは, $\boldsymbol{R}^3$ 内の円板と同相なコンパクト曲面のことである. この本では局所的な煩雑さを避けるために, 有限個の 2 次元単体 (あるいはそれらの一部あるいは全部を滑らかに変形したもの) を境界に沿ってはりつけてできたような 2-セルに制限することにする (図 2.3 参照). 絡み目 L と $L \cap B = \alpha$ が境界円 ∂B 内の弧となるような 2-セル B に対し, 絡み目 $L' = \mathrm{cl}(L \setminus \alpha) \cup \mathrm{cl}(\partial B \setminus \alpha)$ は, L から B に沿った**セル移動** (cell move) で得られた絡み目であるといい, $L \xrightarrow{B} L'$ で表す (図 2.4 参照). ただし, L' の向き

18　第2講　絡み目の表示

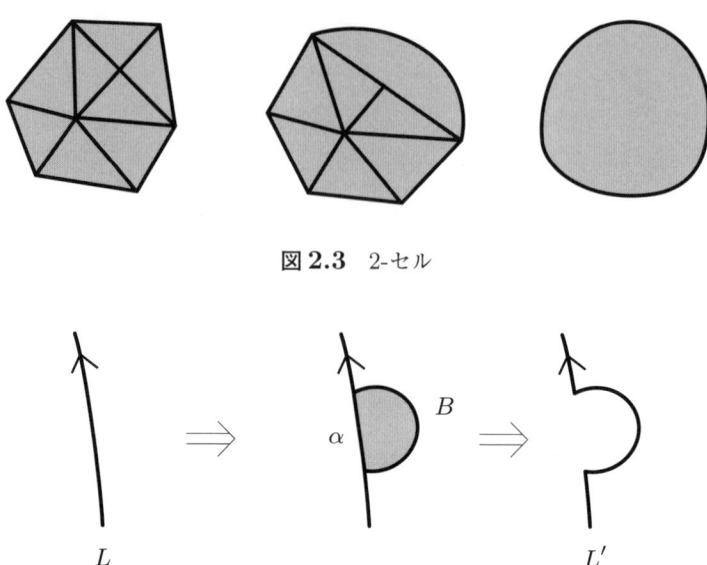

図 2.3　2-セル

図 2.4　絡み目のセル移動

は $L\setminus\alpha$ のものを採用する．L はまた L' から B に沿ったセル移動で得られた絡み目，すなわち $L' \xrightarrow{B} L$ となることにも注意しよう．

命題 2.1.1　$L \xrightarrow{B} L'$ のとき，平面 P 上での L と L' の図式 D と D' は互いにライデマイスター移動 I, II, III（第1講図 1.10 参照）の有限回の変形で得られる．

証明　セル移動の 2-セル B が適当な三角形分割をもつと考えることにより，2次元単体 B_i ($i = 1, 2, \ldots, s$) に沿ったセル移動の列

$$L = L_0 \xrightarrow{B_1} L_1 \xrightarrow{B_2} \cdots \xrightarrow{B_s} L_s = L'$$

が存在すると考えてよい．平面 P を少し傾ければ，つぎの (1)–(3) を仮定できる：

(1) $L_0 = L$, $L_s = L'$ の P での図式 D_0, D_s はそれぞれ D, D' と同じものである．

(2) B_i $(i = 1, 2, \ldots, s)$ の P への射影は 2 次元単体である.

(3) L_i $(i = 1, 2, \ldots, s-1)$ の P への射影は図式 D_i $(i = 1, 2, \ldots, s-1)$ である.

このとき, $i = 1, 2, \ldots, s$ に対し, D_i は D_{i-1} からライデマイスター移動 I, II, III の有限回の変形で得られ, その結果 D, D' は互いにライデマイスター移動 I, II, III の有限回の変形で得られる (図 2.5 参照). □

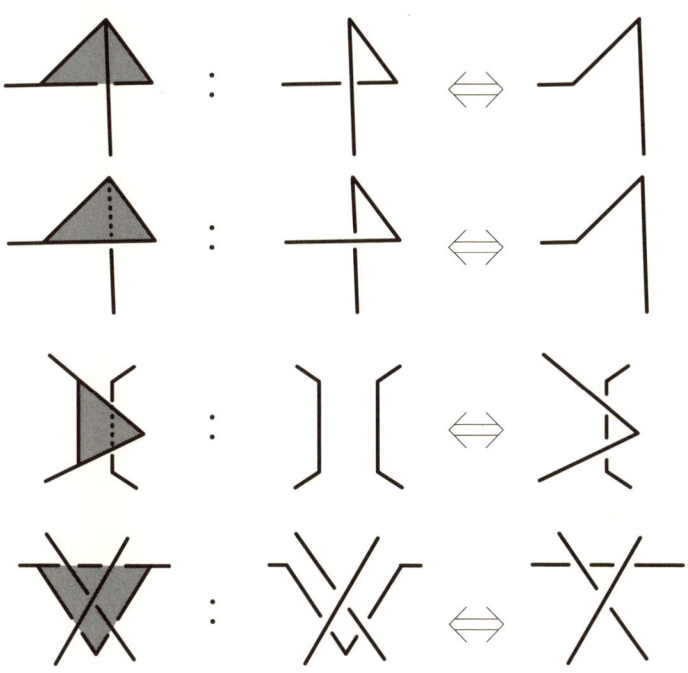

図 2.5 ライデマイスター移動はセル移動で引き起こされる

系 2.1.2 任意の絡み目 L の異なる 2 つの平面 P, P' へ射影してできる図式 D, D' は互いにライデマイスター移動 I, II, III の有限回の変形で得られる.

証明 平面 P, P' が θ 度 $(0 < \theta < 180)$ の角度で交わり, その間の領域 R に L があるものとして, D' が D のライデマイスター移動 I, II, III の有限回の変形

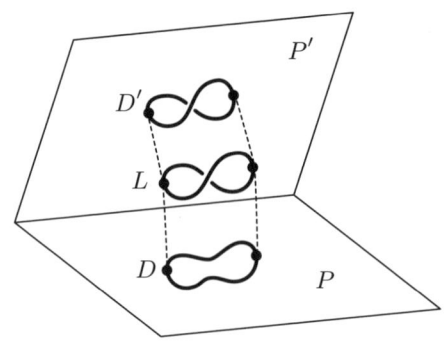

図 2.6 平面 P と P' への射影

で得られることを示せば十分だろう．図式 D, D' は，大部分がそれぞれ P, P' に載っており，交差点の近くの弧 I_i $(i=1,2,\ldots,n)$, I'_i $(i=1,2,\ldots,n')$ の内部のみが領域 R 内の，それぞれ P, P' の十分近くに置かれているような絡み目と考える（図 2.6 参照）．このとき，D' は D からセル移動の列で得られることを示そう．まず，L の P への射影を使うとき，各 i について I_i とそれに対応する L の弧の間の 2-セルに沿ってセル移動を行う．つぎに，$\mathrm{cl}(D\setminus \cup_{i=1}^{n} I_i)$ の連結成分とそれに対応する L の弧の間の 2-セルに沿ってセル移動を行う．これにより，L は D からセル移動の列で得られることがわかる．同様にして，L は D' からセル移動の列で得られることがわかり，結局 D' は D からセル移動の列で得られることがわかる．さらに，P, P' の交線を通る平面 P'' 上に D, D' はそれぞれ同じものとして射影されるので，命題 2.1.1 により，結論を得る．□

2 成分以上の絡み目に対して，ライデマイスター移動の後でその図式が連結でないようなものになるならば，その絡み目は**分離可能** (splittable) であるという．また分離可能でないような絡み目は**分離不能** (non-splittable) であるという．特に，結び目は分離不能絡み目とみなされる．分離可能絡み目 L は，L と交わらない $\mathbf{R}^3$ 内のある球面 S^2 により部分的な絡み目 L_1 と L_2 に分けられる．このとき，L は絡み目 L_1 と L_2 の**分離和** (split union) であるといい，$L = L_1 + L_2$ で表される．すべての絡み目は，いくつかの分離不能絡み目の分離和である．

2.2. 図式の複雑度

絡み目の図式 D の交差点の個数を**交差数** (crossing number) といい，$c(D)$ で表す．$c(D) = 0$ となるような結び目図式 D を**自明なループ** (trivial loop) という．r 成分絡み目の図式 D の交差点以外の点を**単点** (single point) というが，D 内の各結び目成分の図式から 1 点ずつ単点をとり出して並べた点列 $\boldsymbol{a} = (a_1, a_2, \ldots, a_r)$ を D の**基点列** (sequence of base points) という．D の結び目成分の図式の添え字 $D_i (i = 1, 2, \ldots, r)$ を基点列 $\boldsymbol{a} = (a_1, a_2, \ldots, a_r)$ に合わせて $a_i \in D_i$ となるようにつける．このとき，つぎの定義をおく．

定義 2.2.1 図式 D が基点列 $\boldsymbol{a}$ に関して**単調** (monotone) であるとは，対 $(D, \boldsymbol{a})$ がつぎの条件 (1), (2) をみたしていることである．

(1) 各 i について，基点 a_i から D_i 上を指定された向きに従って進むとき，どの交差点においても最初に上方の交差点として到達する．

(2) 各 $i < j$ について，D_i と D_j のどの交差点においても D_i の交差点が上方にある．

基点列が与えられているとき，それに関して単調な図式は，交差交換を行ってその図式から得られるすべての図式の中で最も単純な図式といえる．

補題 2.2.2 図式 D がある基点列 $\boldsymbol{a}$ に関して単調ならば，D はライデマイスター移動 I, II, III の有限回の変形で $c(D^*) = 0$ となるような図式 D^* に変形される．

証明 ライデマイスター移動 II, III により，結び目成分の図式 D_i $(i = 1, 2, \ldots, r)$ は互いに交わらないように変形できる．よって D が結び目の図式のときを示せばよい．$c(D)$ に関する数学的帰納法により示す．$c(D) = 0$ のときに示すことは何もない．$c(D) = 1$ ならば，ライデマイスター移動 I により $c(D^*) = 0$ となるような図式 D^* に変形される．$c(D) \geqq 2$ とし，$c(D') < c(D)$ となるようなある基点で単調な結び目図式 D' について求める結果が得られていると仮定する．a_1 を出発して D の向きに従って進むとき，最初に出会う交差点を p とする．この点 p を始点として D の向きに従って進んで，再び p に帰って来ることにより得られる結び目図式 D' は，定義により D から D' の部分をとり除い

22　第 2 講　絡み目の表示

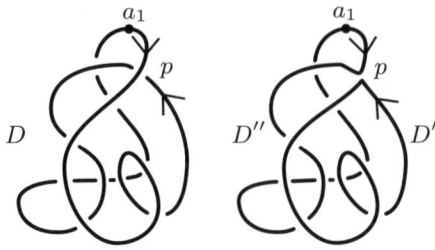

図 2.7　図式 D' と D''

て得られる図式 D'' より上方にある (図 2.7 参照). D' は p に関して単調で, $c(D') < c(D)$ となる. 数学的帰納法によりライデマイスター移動 I, II, III の有限回の変形で D を D'' に変形できる. D'' は a_1 に関して単調で, $c(D'') < c(D)$ だから, D'' は数学的帰納法によりライデマイスター移動 I, II, III の有限回の変形で $c(D^*) = 0$ となるような図式 D^* に変形される. □

　任意の (向き付けられた) 図式 D に基点列 $\boldsymbol{a}$ が与えられているとき, いくつかの交差点で交差交換を行って, $\boldsymbol{a}$ に関して単調な図式を一意的に構成できる. そのとき, 交差交換が行われる交差点を $\boldsymbol{a}$ に関する D の**ひずみ交差点** (warping crossing point), また交差交換の最小回数 $d_{\boldsymbol{a}}(D)$ を $\boldsymbol{a}$ に関する D の**ひずみ度** (warp degree) という.

例 2.2.3　図 2.8 における図式 D の基点 $\boldsymbol{a} = (a_1), \boldsymbol{a}' = (a_1'), \boldsymbol{a}'' = (a_1''), \boldsymbol{a}''' = (a_1''')$ に関するひずみ度は, それぞれ $d_{\boldsymbol{a}}(D) = 0$, $d_{\boldsymbol{a}'}(D) = 1$, $d_{\boldsymbol{a}''}(D) = 2$, $d_{\boldsymbol{a}'''}(D) = 3$ である.

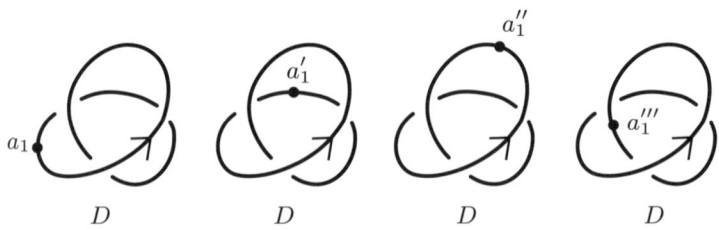

図 2.8

すべての基点列 a に関する D のひずみ度 $d_a(D)$ の最小数を D の**ひずみ度** (warp degree) といい，$d(D)$ で表す．負でない整数の k 対 $n = (n_1, n_2, \ldots, n_k)$ 全体の集合を $\mathbb{N}^k$ で表す．$\mathbb{N}^k$ の元 $n = (n_1, n_2, \ldots, n_k)$ と $n' = (n'_1, n'_2, \ldots, n'_k)$ について，$n_1 < n'_1$ あるいは $n_i = n'_i \, (1 \leq i \leq j-1)$ かつ $n_j < n'_j$ となるような j が存在するならば，$n < n'$ と定義する．この大小関係は集合 $\mathbb{N}^k$ の整列順序（すなわち，任意の部分集合が最小元をもつような順序）になる．これを**辞書式順序** (lexicographic order) という．図式 D の**複雑度** (complexity) とは，辞書式順序を伴った対 $cd(D) = (c(D), d(D))$ のことである．例えば，図 2.8 の図式 D については，図に示された基点 $a = (a_1)$ をとることにより，$cd(D) = (3, 0)$ となる．

2.3. ブレイド表示

絡み目の図式の特別の場合であるブレイド表示について説明する．まず，立方体 $\{(x, y, z) \mid 0 \leq x, y, z \leq 1\}$ を I^3 で表すとき，その下面と上面にそれぞれ n 点

$$p_i = \left(\frac{i}{n+1}, \frac{1}{2}, 0 \right) \quad q_i = \left(\frac{i}{n+1}, \frac{1}{2}, 1 \right) \quad (i = 1, 2, \ldots, n)$$

をとる．n 個の点の集合 $\{p_1, p_2, \ldots, p_n\}$ と $\{q_1, q_2, \ldots, q_n\}$ を結ぶ互いに交わらない I^3 内の n 本のひもを $s_1, s_2, \ldots, s_n$ で表す．ただし，各ひも s_i には，そのひもに沿ってある点が下面から上面へと移動するときその点の z 座標は常に増加していく，という条件がついているものとする（図 2.9 参照）．

定義 2.3.1 n 次ブレイド (braid) とは，ひもの和 $b = s_1 \cup s_2 \cup \cdots \cup s_n$ のことである（図 2.9）．

各 s_i はこのブレイド b の**ひも** (string) という．ブレイド b は射影 $(x, y, z) \to (x, z)$ により，正方形 $I^2 = \{(x, z) \mid 0 \leq x, z \leq 1\}$ 内のタングルの図式で表示する．

定義 2.3.2 ブレイド b_0 と b_1 が**同値である** (be equivalent) とは，タングルとして強同値であること，すなわちひもの端点を固定したまま，I^2 内部のライデマイスター移動 I, II, III の有限回で同じ形に変形できることである．

24   第 2 講 絡み目の表示

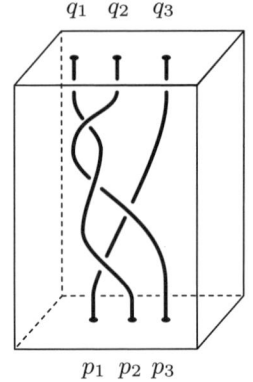

図 2.9　ブレイド

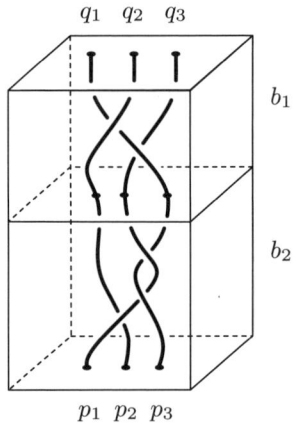

図 2.10　ブレイドの積

同値なブレイドは同じものとみなすことにする．2つのブレイド b_1, b_2 に対し，b_1 を上に，b_2 を下にしてそのまま重ねてできるブレイド（正確にはさらにその高さを半分に縮めたもの）を b_1 と b_2 の積といい，$b_1 b_2$ で表す（図 2.10 参照）．各 i について，p_i と q_i を z 軸に平行な直線で結んだものを**自明なブレイド** (trivial braid) といい，1 で表す．また，平面 $z = 1/2$ に関して b を折り返したもの（つまり，平面 $z = 1/2$ における b の鏡像）を b の**逆ブレイド** (inverse

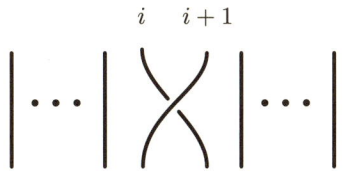

図 **2.11** 初等ブレイド σ_i

braid) といい，b^{-1} で表す．n 次ブレイド全体を B_n で表すとき，B_n の元は積演算に関してつぎの 3 つの性質を満たす：

(1) $(b_1 b_2) b_3 = b_1 (b_2 b_3)$

(2) $b1 = 1b = b$

(3) $b b^{-1} = b^{-1} b = 1$

すなわち，集合 B_n は，1 が単位元，b^{-1} が b の逆元となるような群である．特に，この群を n 次**ブレイド群** (braid group) という．n 次ブレイド群 B_n において，σ_i を図 2.11 のように i 番目と $i+1$ 番目のひもだけをひねったブレイドとする．これらのブレイド $\sigma_1, \sigma_2, \ldots, \sigma_{n-1}$ を n 次**初等ブレイド** (elementary braid) という．このとき，つぎの定理が知られている：

定理 2.3.3　n 次ブレイド群 B_n は初等ブレイド $\sigma_1, \ldots, \sigma_{n-1}$ で生成され，それらの間の関係式はつぎで与えられる：

(B-1) $\sigma_i \sigma_j = \sigma_j \sigma_i \quad (|i-j| \geqq 2)$,

(B-2) $\sigma_i \sigma_{i+1} \sigma_i = \sigma_{i+1} \sigma_i \sigma_{i+1} \quad (i = 1, \ldots, n-2)$.

この定理において初等ブレイド $\sigma_1, \ldots, \sigma_{n-1}$ で生成されるとは，すべての n 次ブレイドは $\sigma_1, \sigma_2, \ldots, \sigma_{n-1}$ およびそれらの逆ブレイド $\sigma_1^{-1}, \sigma_2^{-1}, \ldots, \sigma_{n-1}^{-1}$ の（重複を許した）有限列の積として表せるという意味である．関係式 (B-1) と (B-2) の幾何学的意味は，図 2.12 に示してあるが，特に関係式 (B-2) はライデマイスター移動 III に関係していることは留意する必要がある．

ブレイド理論は，数学的には E. Artin によって 1926 年に導入されたが，縄文土器の文様や編み物などでご存じのように，ブレイド自体は太古の昔から知

26   第 2 講 絡み目の表示

(B-1) $\sigma_i \sigma_j = \sigma_j \sigma_i \quad (|i-j| \geqq 2)$

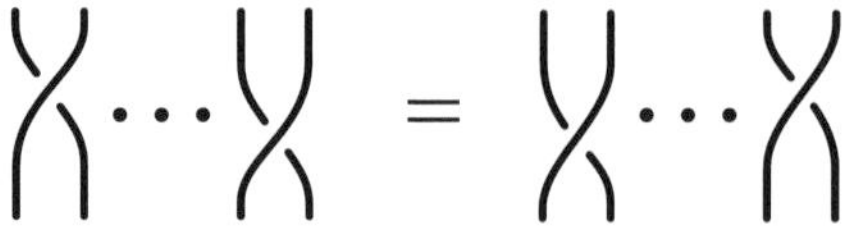

(B-2) $\sigma_i \sigma_{i+1} \sigma_i = \sigma_{i+1} \sigma_i \sigma_{i+1}$

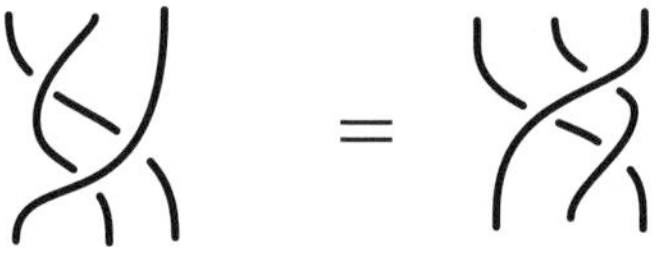

図 2.12　ブレイド関係式

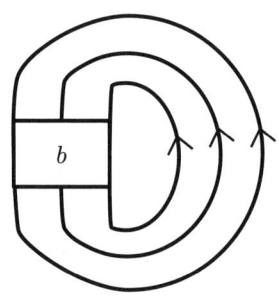

図 2.13　閉ブレイド

られていたものである．

　さて，ブレイドと絡み目との関係について述べよう．空間 $\mathbf{R}^3$ 内に置かれた立方体 I^3 内のブレイド b を，図 2.13 のように，各 i について p_i と q_i を I^3 の外部で縦に素直に結んでできる絡み目を**閉ブレイド** (closed braid) といい，cl(b) で表す．このときの絡み目の向きは，習慣として，b において上から下へ向かうような向きを付けることにする．

2.3. ブレイド表示　27

ブレイドと絡み目との関係について，つぎの**アレクサンダーの定理** (Alexander's theorem) は基本的である．

定理 2.3.4 すべての絡み目は閉ブレイドに同型である．

これを示すためにいくつかの用語を準備する．図式 D を交差点の近くで図 2.14 のように変形する操作を**スプライス** (splice) という．図式 D のすべての交差点でスプライスを行うことにより D の向きにより一意的に向き付けられたいくつかの自明なループ C_j $(j = 1, 2, \ldots, n)$ が得られるが，そのループを D の**ザイフェルト円周** (Seifert circle) という．また，D の各交差点 p_i $(i = 1, 2, \ldots, m)$ の付近を図 2.15 のように変形すると，ザイフェルト円周の間の**接続線** (connection) a_i $(i = 1, 2, \ldots, m)$ が得られる．ザイフェルト円周と接続線を合わせたシステム $\{C_1, \ldots, C_n; a_1, \ldots, a_m\}$ を D の**ザイフェルト円周体系** (Seifert circle system) という．例えば，8 の字結び目の正則表示 D (図 2.2) のザイフェルト円周体系は図 2.16 のようなものになる．

定理 2.3.4 の証明　図式 D のザイフェルト円周体系において，ザイフェルト円周 $C_1, \ldots, C_n$ が同じ向きの同心円状に並んでいる場合は，それは初等ブレイドによる表示そのものである．そこで同心状に並んでいないザイフェルト円周の

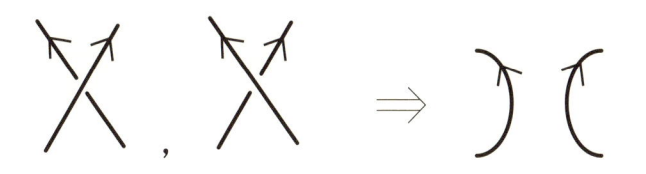

図 2.14　スプライス

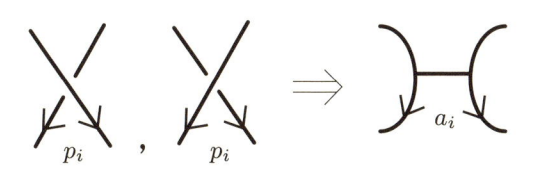

図 2.15　接続線

28   第 2 講 絡み目の表示

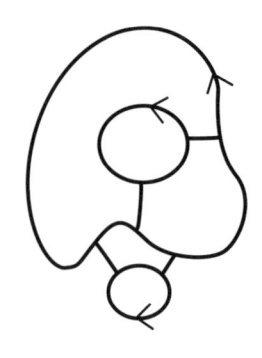

図 2.16 ザイフェルト円周体系

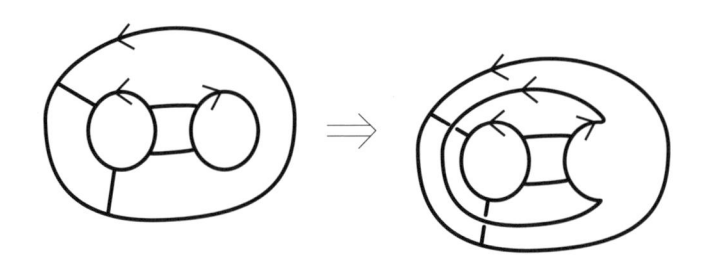

図 2.17 めくる操作

うちで最も外側にあるものから順に，ザイフェルト円周の一部をめくっていく操作（図 2.17 参照）あるいはそのまま移動させる操作により，同じ向きの同心円に変形していく（これはライデマイスター移動による変形である）．例えば，図 2.16 の外側のザイフェルト円周の一部をめくることにより，8 の字結び目のブレイド表示が得られる（例 2.3.6 参照）．一般の場合には，ザイフェルト円周の一部をめくると，そのザイフェルト円周は何本か（例えば k 本）の接続線と交わる．そのときには，接続線の意味を考えれば，$2k$ 本の接続線を増やすことでこの交わりを解消でき（図 2.18 参照），ブレイド化は達成される．□

　結び目あるいは絡み目 L を閉ブレイドとして表示するために最小限必要なブレイドのひもの数を L の**ブレイド指数** (braid index) という．この証明は山田修

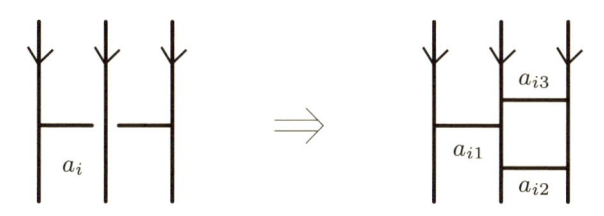

図 2.18 ブレイド化

司[1]によるもので，このことからつぎの結果（**山田の定理**（Yamada's theorem）という）が得られる．

系 2.3.5 与えられた絡み目 L を正則表示するときに生じるザイフェルト円周の最小限必要な数は，L のブレイド指数に等しい．

例 2.3.6 ブレイド $(\sigma_1\sigma_2^{-1})^m$ は三編みのことで，稲のように短いひもから縄のように長いひもを作る古代からの技術として知られている．その閉ブレイド L_m にはもろて型の代表的な絡み目が現れる．例えば，L_i $(i=1,2,3,4)$ はそれぞれ自明結び目，8 の字結び目，ボロミアン環，あわび結び目である．

つぎに，閉ブレイドがいつ同値な絡み目になるかについてブレイドの言葉で述べよう．異なる次数のブレイド群 B_m, B_n $(m<n)$ に対し，B_m の生成元 σ_i と B_n の生成元 σ_i を同一視することにより，B_m を B_n の部分群とみなすことができる．しかし，このように見なすと，ブレイド群の元を b と書いた場合に b の次数がはっきりしないので，b と，b の次数 n を組にして (b,n) と表すことにする．また，このような組全体を $\mathbb{B}$ で表す．

定義 2.3.7 **マルコフ変形**（Markov moves）とは，$\mathbb{B}$ におけるつぎのような変形のことである：

I $(b_1b_2, n) \leftrightarrow (b_2b_1, n)$

II $(b, n) \leftrightarrow (b\sigma_n^{\pm 1}, n+1)$ $(b \in B_n)$

---

[1] S. Yamada, The minimal number of Seifert circles equals the braid index of a link, *Invent. Math.*, 89(1987), 347–356.

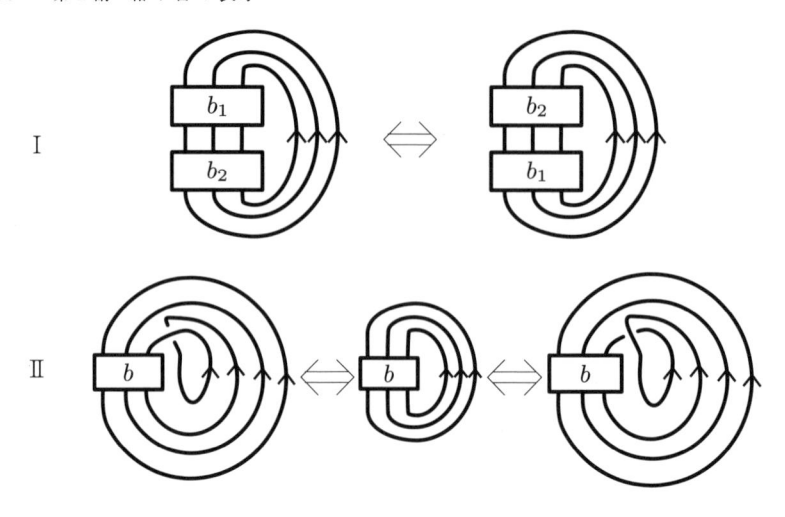

図 2.19 マルコフ変形

マルコフ変形 I, II の閉ブレイドにおける幾何学的意味は図 2.19 に示すとおりで，それぞれ**共役変形** (conjugation)，**安定化変形** (stabilization) とよばれている．マルコフ変形 II はライデマイスター移動 I に対応した変形である．有限回のマルコフ変形で移り合うような 2 つのブレイドは**マルコフ同値** (Markov equivalent) であるという．このとき，つぎの**マルコフの定理** (Markov's theorem) が成り立つことが知られている：

定理 2.3.8 2 つのブレイド (b, n), (b', n') の閉ブレイド $\mathrm{cl}(b)$ と $\mathrm{cl}(b')$ が同型であるためには，それらのブレイドがマルコフ同値になることが必要十分である．

この本では，マルコフの定理の十分性は使用するが必要性は使用しないので，証明は省略する（付録のレファレンスを参照されたい）．マルコフの定理とアレクサンダーの定理により，絡み目の分類研究はブレイドのマルコフ同値類を研究することと同値である．

2.4. 第2講の補充・発展問題

問 2.4.1 図式 D が $c(D) \leqq 3$ をみたすような結び目は，自明結び目または三葉結び目のいずれかであることを示せ．

問 2.4.2 図式 D が $c(D) \leqq 3$ をみたすような2成分絡み目は，自明絡み目，三葉結び目と自明結び目の分離和，あるいはホップの絡み目のいずれかであることを示せ．

問 2.4.3 図 2.20 の絡み目図式 D の複雑度 $cd(D)$ を求めよ．

図 2.20

問 2.4.4 図 2.21 のブレイドを初等ブレイドの積で表せ．

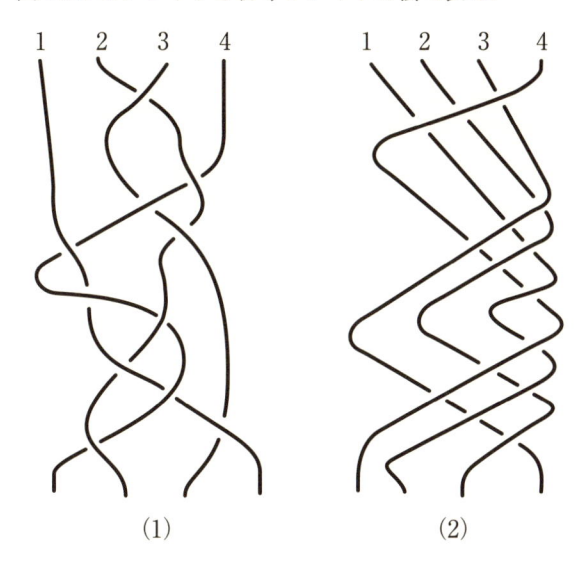

図 2.21 ブレイド

問 2.4.5 $d(D) = 0$ となる任意の図式 D は，ライデマイスター移動 I, II の交差数を減じる操作とライデマイスター移動 III により，交差点を持たない自明ループ O と $d(D_1) = 0$ となるような図式 D_1 の直和に変形できることを示せ．

第3講
絡み目に関する初等的トポロジー

この講では，研究の初めに知っておくべき絡み目に関する初等的トポロジーの知識を解説する．3.1 節では，3 次元空間内において絡み目をはる曲面（ザイフェルト曲面）について説明する．3.2 節では，最初の計算可能な位相不変量である絡み目の絡み数について説明する．3.3 節では，絡み数の概念を拡張したザイフェルト曲面と結び目の交差数について解説する．

3.1. ザイフェルト曲面

絡み目 L の **ザイフェルト曲面** (Seifert surface) とは，3 次元空間 $\mathbf{R}^3$ に埋め込まれた向き付けられたコンパクト曲面 F で，その境界が L となるようなものである．特に断らない限り，ザイフェルト曲面は連結な曲面とする．絡み目 L のザイフェルト曲面 F は，ある種数 $n\ (\geqq 0)$ の向き付けられた閉曲面 M_n から L の成分数と同じ個数の円板の内部をとり除いてできた曲面に同相であるが，その曲面の L を境界とするような $\mathbf{R}^3$ への埋め込み方は一般的には多様であり，そのことがザイフェルト曲面のとり扱いを難しくさせる．つぎに示すように，絡み目の正則図式が与えられると，それから自然にザイフェルト曲面が構成される：

定理 3.1.1 任意の絡み目 L に対して，L のザイフェルト曲面が存在する．

証明 いわゆる **ザイフェルトのアルゴリズム** (Seifert's algorithm) と呼ばれる方法により構成する．D を L の連結な図式とする．図 3.1 のような図式 D のスプライスにより，D の交差点をすべてなくしてしまった図式（ザイフェルト円周の集まり）D_0 を考える．このとき，D_0 の各成分は射影された平面上のルー

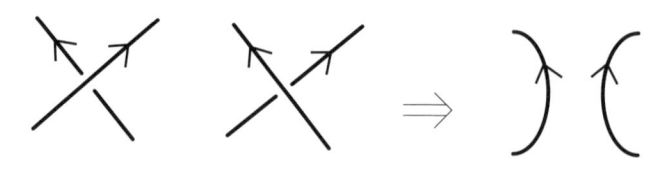

図 3.1

プであるから，その平面上のある 2-セルの境界になっている．ここで必要ならば 2-セルの内部を少し平面から押し上げることによりこれらの 2-セルは互いに交わらないとしてよい．このようにして得られた 2-セルの和に，各交差点の所で，図 3.2 のように半分ねじられたバンドをはり合わせて行くことにより，L を境界にもつような曲面 F が得られる．いま，D_0 をはる 2-セルには共通集合 $D_0 \cap L$ 上で L の向きと一致するように向きを入れておくと，図 3.2 からわかるように，この向きは自然に F の向きに拡張し，F は L を境界とするような向き付けられたコンパクト連結曲面となる．すなわち，F は L のザイフェルト曲面である．□

図 3.2

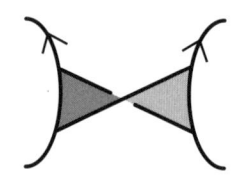

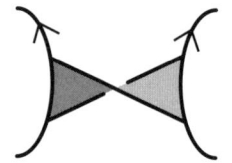

上記 D_0 内のループを**ザイフェルト円周** (Seifert circle) という．一般に上の構成では，ザイフェルト円周内にザイフェルト円周が入っているのであるが，ザイフェルト円周をお互いに内部にないようにずらし，バンドは図 3.3 のようにのみ重なるようにすれば，すべての絡み目 L はザイフェルト円周がお互い重なりあわないような図式 D' をもつことがわかる．このような図式を L の**特別図式** (special diagram) という．$\boldsymbol{R}^3$ 内の有限個の 2 次元単体（あるいはそれらの一部あるいは全部を滑らかに変形したもの）からできているような球面 S^2 は $\boldsymbol{R}^3$ を有界閉領域 B^3 と無限領域に分離する．有界閉領域 B^3 が 3 次元球体 $\{(x,y,z) \in \boldsymbol{R}^3 \mid x^2+y^2+z^2 \leqq 1\}$ の埋め込まれたものになるというのが，**アレクサンダーの定理** (Alexander's theorem) と呼ばれる定理である（付録のレ

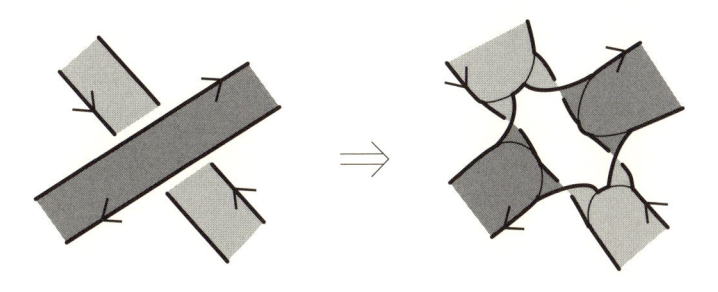

図 3.3

ファレンス参照).このような有界閉領域 B^3 を 3-**セル** (3-cell) という.$\mathbf{R}^3$ 内にコンパクト曲面 F があるとき,$F \cap B^3 = F \cap \partial B^3 = B^2$ が 2-セルとなるような 3-セル B^3 を考える.この 2-セル B^2 を 2-セル $B^{2\prime} = \mathrm{cl}((\partial B^3) \setminus B^2)$ で置き換えて新しい曲面

$$F' = \mathrm{cl}(F \setminus B^2) \cup B^{2\prime}$$

が得られる.これを F から**セル移動** (cell move) により得られた曲面であるという(図 3.4 参照).$\mathbf{R}^3$ 内のコンパクト曲面の**同位変形** (isotopic deformation) とは,その曲面に有限回のセル移動を行うことである.

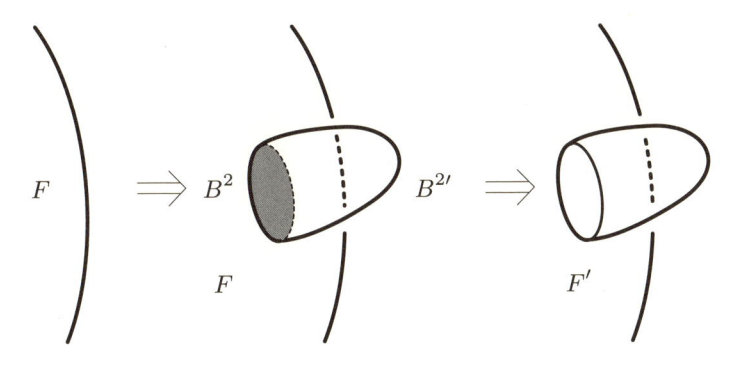

図 3.4 曲面のセル移動

さて,絡み目 L の連結ザイフェルト曲面 F の種数 $g(F)$ の最小値を L の**種数** (genus) といい,$g(L)$ で表す.また,L の連結図式 D のザイフェルト曲面(すなわち,ザイフェルトのアルゴリズムを適用して得られるザイフェルト曲面)$F(D)$

の種数 $g(D)$ の（連結図式 D についての）最小値を L の**自然種数** (canonical genus) といい，$g_c(L)$ で表す．$g(L) \leqq g_c(L)$ であるが，一般には等号はなりたたない．特に，結び目 K が $g(K) = 0$ ならば，K は自明結び目である．絡み目ではこのことはなりたたない．実際，ホップの絡み目 L は $g_c(L) = g(L) = 0$ である（問 3.4.1）が，自明絡み目ではない．

例 3.1.2 三葉結び目 3_1 や 8 の字結び目 4_1 は種数 1 のザイフェルト曲面をもつ（問 3.4.1）ので，$g(3_1) \leqq 1$, $g(4_1) \leqq 1$ である．これらが自明結び目ではないことは第 4 講以降で明らかとなるが，それを仮定すると $g(3_1) = g(4_1) = 1$ となる．

絡み目 L とちょうど 2 点 p, q で横断的にまじわるような $\mathbf{R}^3$ 内の球面 S^2 が存在する場合を考えよう．S^2 で囲まれた 3 次元球体の部分を B^3 とするとき，$L'_1 = L \cap B^3$, $L'_2 = \mathrm{cl}(L \setminus L'_1)$ とおく．S^2 上で p と q を単純な弧 α で結ぶ．このとき，2 つの絡み目 $L_1 = L'_1 \cup \alpha$, $L_2 = L'_2 \cup \alpha$ が得られる．L が向き付けられているときには，L_1 と L_2 の向きは L'_1 と L'_2 の向きを採用する．このような向きが矛盾なく定まる理由は，点 p と q は L の同一の成分に属しており，L の向きが p で B^3 の内向きの場合には q では外向きとなっているからである．α は（S^2 上での両端を固定したセル移動を無視すれば）ただ 1 つしかないので，絡み目 L_1, L_2 は同型を無視すれば，弧 α の選択によらず一意的に定まる．このとき，L は L_1 と L_2 の**連結和** (connected sum) といい，$L = L_1 \# L_2$ で表す．つぎの種数の連結和に関する加法性をシューベルトの和公式と呼ぶことがある．

命題 3.1.3 任意の絡み目 L_1, L_2 に対して，$g(L_1 \# L_2) = g(L_1) + g(L_2)$ がなりたつ．

証明 種数 $g(L_i)$ の L_i のザイフェルト曲面 F_i 対し，F_1 と F_2 をつないで $L_1 \# L_2$ のザイフェルト曲面が構成されるので，$g(L_1 \# L_2) \leqq g(L_1) + g(L_2)$ がなりたつ．逆の不等式を示すために，種数 $g(L_1 \# L_2)$ の $L_1 \# L_2$ のザイフェルト曲面 F を考える．L_1 と L_2 に分けるような $L_1 \# L_2$ と 2 点 p, q で横断的に交わるような $\mathbf{R}^3$ 内の球面 S^2 を考える．F を局所的に変形すれば，交わり $F \cap S^2$ は横断的な交わりであり，それは弧 α といくつかの円周 C_i $(i = 1, 2, \ldots, m)$ から

なると考えてよい．このとき，これらの円周の中には，他の円周あるいは弧 α を内部に含まないような 2-セル $B \subset S^2$ の境界となっているもの（例えば C_1）が存在する．F にそって B に厚みをつけたもの $B \times [0,1]$ を用意する．ここで，$C_1 \times [0,1]$ は F に属するものとする．曲面 $\mathrm{cl}(F \backslash C_1 \times [0,1]) \cup B \times \{0,1\}$ を $F^{(1)}$ で表す．同様な操作を計 m 回行うことにより，$L_1 \# L_2$ を境界とし，S^2 とは α のみで横断的に交わるような，（連結とは限らない）向き付け可能コンパクト曲面 $F^{(m)}$ が得られる．α に沿って，$F^{(m)}$ を切断することにより，それぞれ L_1, L_2 を境界とする（連結とは限らない）向き付け可能コンパクト曲面 $F_1^{(m)}, F_2^{(m)}$ が得られる．このような操作では，曲面 $F_1^{(m)}, F_2^{(m)}$ の種数の合計は増加しないことに注意しよう．$F_i^{(m)}$ から閉曲面となるような連結成分をとり除いたものが L_i の（連結とは限らない）ザイフェルト曲面である．さらに，連結でないザイフェルト曲面からは，チューブでつなぐことにより，その連結成分の種数の合計と同じ種数をもつ連結ザイフェルト曲面が構成可能なので，L_i の連結ザイフェルト曲面 F_i^* で

$$g(F_1^*) + g(F_2^*) \leqq g(L_1 \# L_2)$$

となるようなものが存在する．よって，$g(L_1) + g(L_2) \leqq g(L_1 \# L_2)$ がなりたつ． $\square$

例えば，三葉結び目 3_1 の n 個のコピーの連結和を $\# n 3_1$ で表せば，

$$g(\# n 3_1) = n g(3_1) = n$$

となる．絡み目 L が**素な絡み目** (prime link) であるとは，それが分離不能絡み目であって，かつ自明な結び目以外の絡み目 L_i $(i = 1, 2)$ の連結和 $L_1 \# L_2$ に同型にならないことである．

系 3.1.4 任意の分離不能絡み目は有限個の素な絡み目の連結和となる．

証明 分離不能絡み目 L の種数を g，成分数を r とする．いま，$L = L_1 \# L_2 \# \cdots \# L_s$ $(s \geqq g + r)$ と仮定するとき，$g = g(L_1) + g(L_2) + \cdots + g(L_s)$ より，L_i $(i = 1, 2, \ldots, s)$ の中の少なくとも $s - g$ 個は種数 0 をもたねばならない．L_i の成分数を r_i で表すとき，$r - 1 = (r_1 - 1) + (r_2 - 1) + \cdots + (r_s - 1)$ より，L_i $(i = 1, 2, \ldots, s)$ の中の少なくとも $s - r + 1$ 個は結び目でなければ

ならない．L_i $(i = 1, 2, \ldots, s)$ は種数 0 の結び目を含まないならば，不等式 $(s-g)+(s-r+1) \leqq s$，すなわち $s \leqq g+r-1$ が成り立つ．これは $s \geqq g+r$ に反する．よって，L_i $(i = 1, 2, \ldots, s)$ は種数 0 の結び目を含む．これは L がせいぜい $g+r-1$ 個の素な絡み目の連結和であることを示している．□

系 3.1.4 において，与えられた絡み目が分離不能ならば，その絡み目に現れる素な絡み目は重複度を含めて一意的に定まることが知られている．

3.2. 最初の計算可能な位相不変量：絡み数

任意の有向絡み目図式 D の交差点 p 近くの 2 本の向きのついた線分が，図 3.5 のような位置にあるとき，符号 $\varepsilon(p) = \pm 1$ をつけることにする．いいかえると，交差点 p 近くの 2 本の向きのついた線分の位置関係が，図 3.6 のように，右手の親指を紙面の上に向けて人差し指と中指を前につきだしたとき，人差し指と中指の付け根の位置関係と一致するときに $\varepsilon(p) = +1$ とおくことにする．また，そうならないとき（すなわち，左手の親指を紙面の上に向けて人差し指

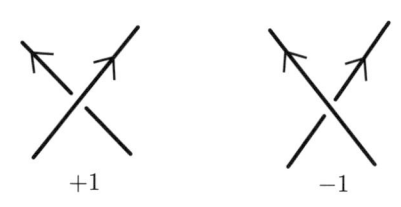

図 3.5 符号

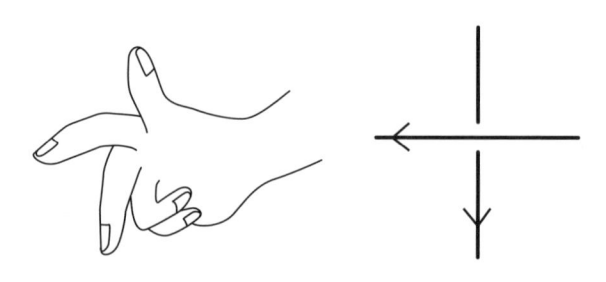

図 3.6 右手系

と中指を前につきだしたとき，人差し指と中指の付け根の位置関係と一致するとき）に $\varepsilon(p) = -1$ とおくことにする．交差点 p 近くの両方の線分の向きを逆転させても符号は不変であることに注意しよう[1]．D のすべての交差点にわたる符号の総和を D の**交差符号和** (writhe) といい，$w(D)$ で表す．ライデマイスター移動 I に注意すれば，交差符号和 $w(D)$ は絡み目の位相不変量にはなれないことがわかる．2つの絡み目 L_1, L_2 で和集合 $L = L_1 \cup L_2$ もまた絡み目となるようなものを考える．L の図式を D とし，L_i に対応する D 内の図式を D_i $(i=1,2)$ として

$$\mathrm{Link}(D_1, D_2) = \frac{1}{2}(w(D) - w(D_1) - w(D_2))$$

とおく．いいかえると，$\mathrm{Link}(D_1, D_2)$ は，D_1 と D_2 の間の交差点の符号の総和を 2 で割ったものである．このとき，つぎの主張がなりたつ：

命題 3.2.1 $\mathrm{Link}(D_1, D_2)$ は D のライデマイスター移動 I, II, III で不変であるような整数である．

証明 $\mathrm{Link}(D_1, D_2)$ が D のライデマイスター移動 I, II, III で不変であることは，ライデマイスター移動 I は結び目成分の変形であり，ライデマイスター移動 II, III は D, D_1, D_2 の交差符号和を不変にすることからわかる．$\lambda = w(D) - w(D_1) - w(D_2)$ が偶数であることを示そう．D_1 と D_2 の間の 1 つの $(+)$ 交差点を $(-)$ 交差点に変更するとき，λ は $\lambda - 2$ に変わる．同様に，D_1 と D_2 の間の 1 つの $(-)$ 交差点を $(+)$ 交差点に変更するとき，λ は $\lambda + 2$ に変わる．ところで，D_1 と D_2 の間の適当な交差点の上下を逆にすれば，L_1 全体が L_2 の上方にあるように変形することができ，その結果変形された L においては L_1 と L_2 は分離した絡み目となり，D_1 と D_2 はライデマイスター移動 II, III により，交差しないところまで移動できる．このことは，λ にいくつかの 2 あるいは -2 を加えると 0 になることを意味する．したがって，λ はいつも偶数であることがわかる． □

この命題により，整数 $\mathrm{Link}(D_1, D_2)$ は（有向）絡み目 $L = L_1 \cup L_2$ の同型の不変量（すなわち，位相不変量）である．これを絡み目 L_1 と L_2 の**絡み数**

---

[1] 結び目の位相不変量の多くは，交差点の符号の適当な組合せで定義されるが，この性質のために別の考えを付加しなければ，可逆性判定には役立たない．

(linking number) といい，$\mathrm{Link}(L_1, L_2)$ で表す．定義より，つぎの性質をもつことがわかる：

系 3.2.2

(1) $\mathrm{Link}(L_1, L_2) = \mathrm{Link}(L_2, L_1)$.

(2) $L_i = L_i' \cup L_i''$ $(i=1,2)$ のとき，
$$\mathrm{Link}(L_1, L_2) = \mathrm{Link}(L_1', L_2) + \mathrm{Link}(L_1'', L_2)$$
$$= \mathrm{Link}(L_1, L_2') + \mathrm{Link}(L_1, L_2'').$$

(3) L_i のすべての結び目成分の向きを逆転したものを $-L_i$ で表すとき，
$$\mathrm{Link}(-L_1, L_2) = \mathrm{Link}(L_1, -L_2) = -\mathrm{Link}(L_1, L_2).$$

L_i の結び目成分を K_{ij} $(j=1,2,\ldots,r_i)$ とするとき，ホモロジーの 1-サイクル $L_i^* = \sum_{j=1}^{r_i} a_{ij} K_{ij}$ $(a_{ij} \in \mathbf{Z})$ を考えれば，
$$\mathrm{Link}(L_1^*, L_2^*) = \sum_{1 \leqq j_1 \leqq r_1,\, 1 \leqq j_2 \leqq r_2} a_{1j_1} a_{2j_2} \mathrm{Link}(K_{1j_1}, K_{2j_2})$$

とおいて，系 3.2.2 の性質をホモロジーの 1-サイクルに一般化できる．横断的にのみ交わるような単純でないループ ℓ_i $(i=1,2)$ で，$\ell_1 \cap \ell_2 = \emptyset$ となるようなものに対して，図 3.7 のような操作を行えば，絡み目 L_i $(i=1,2)$ で，$L_1 \cap L_2 = \emptyset$ となるようなものを，絡み目 $L_1 \cup L_2$ の同型を無視して一意的に構成できる．こうして，$\mathrm{Link}(\ell_1, \ell_2) = \mathrm{Link}(L_1, L_2)$ とおいて，ℓ_i $(i=1,2)$ の絡み数へも一般化でき，その結果 K_{ij} は横断的にのみ交わるような単純でな

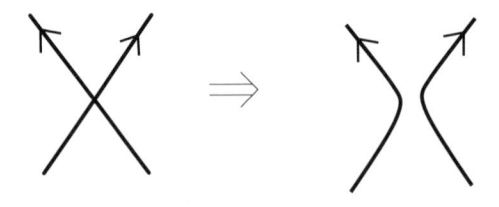

図 3.7

いループと考えてもよい．絡み数の計算は，図式が与えられていれば容易に計算できる．

例 3.2.3 図 3.8 の K_1 と K_2 の絡み数は $\mathrm{Link}(K_1, K_2) = -1$ となる．

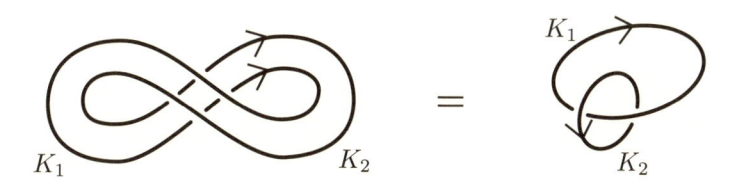

図 3.8

結び目成分 K_i $(i = 1, 2, \ldots, r)$ からなる絡み目 L の図式 D に対し，K_i に対応する D 内の結び目図式を D_i とする $(i = 1, 2, \ldots, r)$ とする．このとき，

$$t(D) = \sum_{i=1}^{r} w(D_i)$$

を D の**ねじれ数** (twisting number) という．また，L の異なる成分間の絡み数の総和である整数

$$\mathrm{Link}(L) = \sum_{1 \leqq i < j \leqq r} \mathrm{Link}(K_i, K_j)$$

を**全絡み数** (total linking number) という．ただし，$r = 1$ のときには $\mathrm{Link}(L) = 0$ と考える．絡み数が整数であることの応用として，つぎの系が示される．

系 3.2.4 絡み目図式 D によって平面を分割してできる領域は，隣接領域が異なる色となるように 2 色で塗り分けられる．

証明 例えば，黒白 2 色で領域を塗ることを考える．無限領域を黒く塗り，その内部に点 p をとる．他の任意の領域 X を考え，その内部に点 x をとる．いま，D の頂点を通過せず，D とは横断的に交わるような，点 p と点 x をつなぐ平面内の弧 α を考える．D と α の交点数が偶数ならば黒色で，奇数ならば白色で領域 X を塗ることにする．この指定は弧 α の選択によらない．なぜならば，

α' を点 p と点 x をつなぐ別の弧とすれば，$\alpha \cup \alpha'$ は（交差点があれば適当に上下をつければ）平面内の結び目図式と考えることができ，命題 3.2.1 により D とは偶数個で交わるので，D と α' の交点数と D と α の交点数の偶奇性は一致する．こうしてうまく X の色を指定できる．□

3.3. ザイフェルト曲面と結び目の交叉数

絡み数についてのつぎの性質は，計算上有用である．

命題 3.3.1 絡み目 L と結び目 K の和集合が絡み目になるものと仮定する．このとき，つぎの (1), (2), (3) は互いに同値である．

(1) $\mathrm{Link}(L, K) = 0$.

(2) 絡み目 L のザイフェルト曲面 F で K と交わらないものが存在する．

(3) L を 1-サイクルとみなすとき，$\boldsymbol{R}^3 \setminus K$ における 2-チェイン c で $\partial c = L$ となるようなものが存在する．

証明 (2) で与えられる L のザイフェルト曲面 F は，その曲面を三角形分割することにより，$\boldsymbol{R}^3 \setminus K$ における 2-チェイン c で $\partial c = L$ となるようなものを与える．よって (2)⇒(3)．(3)⇒(1) を示すために，絡み目 $L \cup K$ の図式が与えられていると考える．2-チェイン c は（重複を許した）2 次元有向単体 s_i ($i = 1, 2, \ldots, k$) の和とするとき，図式を射影するための平面を少し傾けることにより，絡み目 $L \cup K$ の図式は同じ形をし，かつ各円周 $\ell_i = \partial s_i$ と K の和は絡み目図式になると考えてよい．そのとき，ℓ_i は s_i に沿ったライデマイスター移動 II, III により K と交わらないところまで移動できるので，絡み数 $\mathrm{Link}(\ell_i, K) = 0$ ($i = 1, 2, \ldots, k$) である．仮定により 1-サイクルとして $\sum_{i=1}^{k} \ell_i = L$ であるので，ℓ_i ($i = 1, 2, \ldots, k$) の 1 次元単体で，L に属さないものは互いに反対方向のものが同数ずつ現れ，L に属するものは L と同方向のものが 1 つ多く現れる．したがって，

$$\sum_{i=1}^{k} \mathrm{Link}(\ell_i, K) = \mathrm{Link}(L, K)$$

となるので，$\mathrm{Link}(L, K) = 0$ となり，(3)⇒(1) が示される．(1)⇒(2) を示そう．L の任意の連結ザイフェルト曲面 P をとる．P は K とは横断的に交わる

とし，その交点を p_j $(j=1,2,\ldots,m)$ で表す．P における互いに素な p_j の周りの 2-セル B_j $(j=1,2,\ldots,m)$ をとる．曲面 $P_0 = \text{cl}(P \setminus \cup_{j=1}^{m} B_j)$ は K に交わらないので，(3)⇒(1) の結果を使って，P_0 の境界である絡み目 ∂P_0 と K の絡み数 $\text{Link}(\partial P_0, K) = 0$ となり，その結果

$$\sum_{j=1}^{m} \text{Link}(\partial B_j, K) = \text{Link}(\cup_{j=1}^{m} \partial B_j, K) = \text{Link}(L, K) = 0$$

となる．K と B_j の関係が，図 3.9 の a に示すような関係の場合に $\text{Link}(\partial B_j, K) = 1$ となり，b に示すような関係の場合に $\text{Link}(\partial B_j, K) = -1$ となる（このとき，点 p_j をそれぞれ**正交叉点** (positive intersection point)，**負交叉点** (negative intersection point) と呼ぶ）．結局 K と P は同数の正交叉点と負交叉点で交わっていることがわかる．そのとき，図 3.10 のように K に沿って P にチューブをつける操作を繰り返すことにより，$F \cap K = \emptyset$ となるような L のザイフェルト曲面 F を P から構成でき，(1)⇒(2) が示される．□

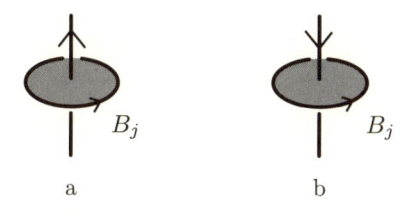

図 3.9

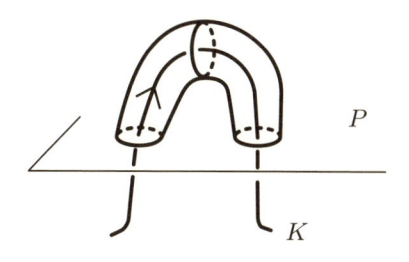

図 3.10

結び目 K が絡み目 L のザイフェルト曲面 F と m 個の正交叉点と n 個の負交叉点のみで横断的に交わる（図 3.9）とき，$\mathrm{Int}(F,K) = m-n$ とおき，K と F の**交叉数** (intersection number) という．

系 3.3.2 $\mathrm{Int}(F,K) = \mathrm{Link}(L,K)$ がなりたつ．

証明 K が F と m 個の正交叉点と n 個の負交叉点のみで横断的に交わるとき，交叉点の周りの2-セル B_j $(j=1,2,\ldots,m+n)$ をとる．曲面 $F' = \mathrm{cl}(F\backslash\cup_{j=1}^{m+n} B_j)$ は K に交わらないので，命題 3.3.1 より，$\mathrm{Link}(\partial F', K) = 0$ となり，その結果

$$\mathrm{Link}(L,K) = \sum_{j=1}^{m} \mathrm{Link}(\partial B_j, K) = m - n = \mathrm{Int}(F,K)$$

となる．□

種数 1 の閉曲面 M_1 を**トーラス** (torus) といい，しばしば T で表される．また，円筒形 $S^1\times[0,1]$ に同相なコンパクト曲面を**アニュラス** (annulus) という．結び目 K のチューブ近傍 N は，$S^1\times B^2$ を $\boldsymbol{R}^3$ に埋め込んだものになるが，その境界であるトーラス $T = \partial N$ 上には特徴的な 2 つの単純ループが存在する．K のザイフェルト曲面 F と N の交わり $F\cap N$ がアニュラスになるように，F と N をとることができるが，そのアニュラスの境界の 1 つの成分は K であり，もう 1 つの成分は T 上の単純ループである．その単純ループ ℓ を K の**ロンジチュード** (longitude) という．ℓ の向きは，アニュラス $F\cap N$ に沿ったセル移動により，ℓ を K に重ね合わせるときに一致するような向きと指定する．ℓ は K と交叉しないザイフェルト曲面 $\mathrm{cl}(F\backslash(F\cap N))$ をもつので，$\mathrm{Link}(K,\ell) = 0$ となる．N において 2-セルの境界になっているような $T = \partial N$ 上の単純ループ m で ℓ とは 1 点のみで横断的に交叉するものを K の**メリディアン** (meridian) という．メリディアン m の向きは $\mathrm{Int}(F,m) = \mathrm{Link}(K,m) = +1$ となるように定める．また，m を境界とする N における 2-セルを**メリディアンディスク** (meridian disk) という．

トーラス T 上の単純ループの性質についてまとめておこう．S^1 を複素数平面内の単位円とし，積 $S^1\times S^1$ と T を，それぞれ $S^1\times 1, 1\times S^1$ が m, ℓ と一致するように，同一視する．m, ℓ は 1 番整係数ホモロジー $H_1(T) = \boldsymbol{Z}\oplus\boldsymbol{Z}$

の基底を代表する．T において 2-セルの境界にならない単純ループを**本質的な ループ** (essential loop) という．

補題 3.3.3

(1) T における任意の本質的なループ K は $H_1(T)$ の原始元（すなわち，2 以上の整数で割れないような元）を代表する．

(2) T において交わらない 2 つの本質的ループは（向きを無視して）有限回のセル移動で移り合う．

(3) $H_1(T)$ の任意の原始元は，本質的なループで代表され，それは有限回のセル移動で移り合うものを除いてただ 1 つである．

証明 (1) を示すために，T を K で切り開いてできた曲面 A を考える．A が連結でないならば，種数 $g(T) = 1$ より A の 1 つの成分は 2-セルになり，K が本質的なループであることに反する．よって，A は連結となり，オイラー標数の計算により A はアニュラスになる．こうして，K を m に写すような同相写像 $h : T \to T$ が存在し，$h_*([K]) = [m] \in H_1(T)$ は原始元なので，$[K]$ は原始元となり，(1) が示される．(2) を示すために，K, K' を交わらない本質的ループとする．(1) の証明のアニュラス A の内部に K' が含まれる．アニュラス A は 2-セル B から小 2-セル B_0 の内部をとり除いたものであるので，それらを同一視して，$A \subset B$ と考える．このとき，K' は B を 2-セル B' とアニュラス A' に分け，また K' は本質的ループなので $B_0 \subset B'$ となる．こうして，$A' \subset A \subset T$ となり，K' は T においてアニュラス A' を通って K に有限回のセル移動で移すことができ，(2) が示される．$x \in H_1(T)$ を原始元とするとき，それは自己交叉のあるようなループで代表できる．T 上での図 3.7 の操作によりホモロジー類は不変なので，x は互いに交わらない単純ループの和で代表でき，結局互いに交わらない本質的ループの和 L で代表できる．(2) を使うと，$x = [L] = [K]$ となるような L の成分である本質的なループ K が存在する．つぎに，$x = [K] = [K']$ となるような別の本質的ループ K' があると仮定する．局所的な変形により，K' は K に横断的に交わるとしよう．T を K で切り開いてできたアニュラス A において，K' は端点が境界に属する弧 α_i $(i = 1, 2, \ldots, n)$ に分かれる．これら n $(\geqq 1)$ 本の弧の中には両端が必ず A の 1 つの境界成分に属するようなものが存在することを示そう．もしそのような

ものがないとすれば，すべての α_i は A において境界から端点を離すことなく，向きを込めて重ね合わせるように変形できる．K を m に写すような同相写像 $h: T \to T$ を考えるとき，ある整数 u で $h_*[K'] = u[m] \pm n[\ell]$ となることがわかる．$[K] = [K']$ かつ $h_*[K] = [m]$ なので，$n = 0$ となり，これは $n \neq 0$ に反する．よって，α_i $(i = 1, 2, \ldots, n)$ の中には両端が必ず A の1つの境界成分に属するようなものが存在する．T において，両端が A の1つの境界成分に属するような弧と K で囲まれる 2-セル領域を通って，K' と K の交点数を減らすように K' をセル移動できる．以上の操作を繰り返すことで，有限回のセル移動で K' を K に交わらないところまで移動できる．このとき，(2) から (3) の結論を得る．□

つぎの系には，絡み目のチューブ近傍の基本的性質が述べてある．

系 3.3.4 絡み目 L の結び目成分 K のチューブ近傍 N を，L のザイフェルト曲面 F とはアニュラス A で交わるようにとるとき，N の境界トーラス T 上での A との交わりの単純ループ K' は T 上ではセル移動を無視すれば一意的に定まる．特に，結び目 K のロンジチュード ℓ は T 上ではセル移動を無視すれば一意的に定まる．また，結び目 K のメリディアン m も T 上ではセル移動を無視すれば一意的に定まる．

証明 K のメリディアン m，ロンジチュード ℓ は $H_1(T)$ の基底となる．補題 3.3.3 により T 上の本質的ループ J は $[J] = u[m] + v[\ell]$ (u, v は互いに素) と表せる．K' の向きを，アニュラス A に沿ったセル移動で K に一致するように定めて，$J = K'$ とおく．$H_1(N) = \mathbf{Z}$ において $[J] = [K] = [\ell]$ は生成元となるから $v = 1$．さらに $\text{Link}(J, K) = u \text{Link}(m, K) = u$ であるが，一方では曲面 $\text{cl}(F \backslash A)$ の存在により，$\text{Link}(J, K) = -\text{Link}(L \backslash K, K)$ (ただし，L が結び目のときにはこの値は 0 と解釈する) となり，$u = -\text{Link}(L \backslash K, K)$ も L のみで定まり，補題 3.3.3 より $J = K'$ の一意性がいえる．また，J を T 上での K の任意のメリディアンとするとき，$H_1(N) = \mathbf{Z}$ において $[K] = [\ell]$ は生成元で $[J] = 0$ であるから，$v = 0$ かつ $u = \pm 1$，すなわち $[J] = \pm[m]$ となるが，$\text{Link}(J, K) = \text{Link}(m, K) = +1$ と定めてあるので，$[J] = [m]$ がわかる．よって，補題 3.3.3 より m の一意性がいえる．□

3.4. 第3講の補充・発展問題

問 3.4.1 ホップの絡み目に種数 0 のザイフェルト曲面をはってみよ．また，三葉結び目と 8 の字結び目に種数 1 のザイフェルト曲面をはってみよ．

問 3.4.2 絡み目 L の種数 $g(L)$ と自然種数 $g_c(L)$ は，それぞれ L の連結とは限らないようなザイフェルト曲面 F の合計種数 $g(F)$ の最小値，連結とは限らないような図式 D のザイフェルト曲面の合計種数 $g(D)$ の最小値に等しいことを示せ．

問 3.4.3 図 3.11 に示された $\mathbf{R}^3$ における左ひねりと右ひねりのメービウスの帯は，（同位変形により）同じ形に変形できないことを示せ（付録の解答は 2006 年度当時の大阪府立天王寺高校 3 年生，糸数達弘，田中謙伍，田中勇介による[2]）．

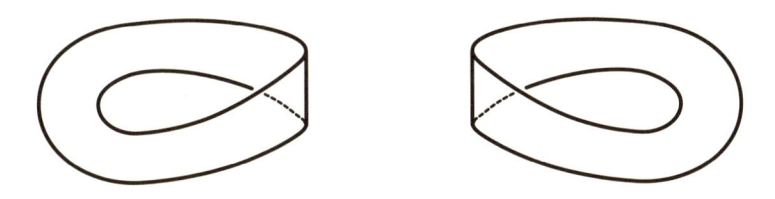

図 3.11 左ひねりと右ひねりのメービウスの帯

問 3.4.4 図 3.12 の a, b, c それぞれの絡み目の絡み数を求めよ．

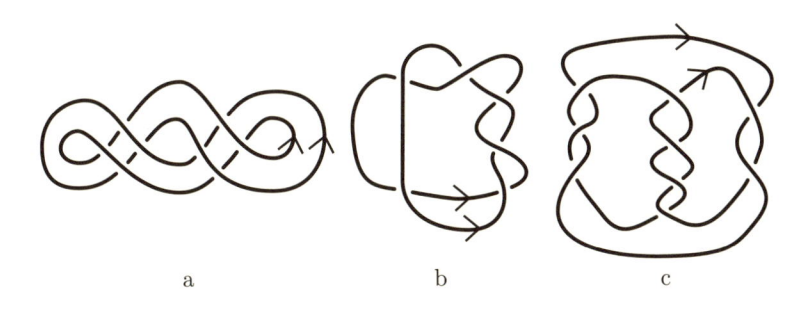

図 3.12

---
[2] 彼らは，同高校の SSH 事業の一環として大阪市立大学数学科 1 回生対象の 2006 年度前期講義「数学入門セミナー 結び目の数学」で結び目理論を学んだ．彼らの証明は，2006 年度 SSH 生徒研究発表会の文部科学大臣奨励賞の栄誉に輝いた．

問 3.4.5 $\mathrm{Link}(O_1, O_2) = +1$ となるようなホップの絡み目 $H = O_1 \cup O_2$ にザイフェルト曲面をはり，その曲面上に（向きを込めて）O_1 に平行な単純ループ ℓ_1 をとる．$\mathrm{Link}(O_1, \ell_1)$ を求めよ．

問 3.4.6 第 1 講の図 1.6 の空間グラフがカイラルであることを絡み数を用いて示せ．

第4講
標準的な絡み目の例

結び目理論研究者は絡み目のいろいろな性質を考える際，具体的な絡み目を念頭に置いている．この講では，知っているのが望ましい標準的な絡み目の例（4.1 節ではトーラス絡み目，4.2 節では 2 橋絡み目，4.3 節ではプレッツェル絡み目）を解説する．

4.1. トーラス絡み目

複素数平面内の単位円 S^1 の 2 つのコピーの積であるトーラス $T = S^1 \times S^1$ を $\boldsymbol{R}^3$ 内に図 4.1 のように標準的においておく．この図において，$m = S^1 \times 1$, $\ell = 1 \times S^1$ は 1 番整係数ホモロジー $H_1(T) = Z \oplus Z$ の基底を代表する．互いに素な整数 a と d に対し，(a, d) 型**トーラス結び目** (torus knot) とは，補題 3.3.3 によりその一意的な存在が保証された $[K] = a[m] + d[\ell] \in H_1(T)$ となるような T 上の本質的ループ K のことである．K を $T(a, d)$ で表す．また，この本質的ループ K と整数 $n \geq 2$ に対して，$[L] = n[K] \in H_1(T)$ となるような T 上の本質的ループからなる絡み目 L を考える．L の 1 つの成分を K' とすると，

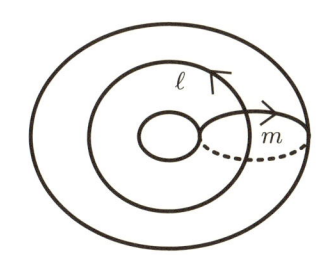

図 4.1 トーラス

補題 3.3.3 の (2) より $[L] = s[K'] = n[K]$ となるような整数 s が存在する．補題 3.3.3 の (3) より $[K']$ と $[K]$ は原始元なので，$s = \pm n$ となり，L には n 成分の部分絡み目 L^n が存在して，

$$[L] = [L^n] = n[K] = na[m] + nd[\ell]$$

となる．この絡み目 L^n を (na, nd) 型**トーラス絡み目** (torus link) といい，$T(na, nd)$ で表す．こうして，$a = d = 0$ 以外の任意の整数 a, d に対し，(a, d) 型トーラス絡み目 $T(a, d)$ が定義されたことになる．$|a| \leqq 1$ または $|d| \leqq 1$ ならば，$T(a, d)$ は自明絡み目であるので，$|a| \geqq 2$, $|d| \geqq 2$ と仮定する．このとき，つぎの分類結果が知られている：

命題 4.1.1

(1) $T(a', d') = T(a, d)$ となる必要十分条件は，整数の組 (a', d') が (a, d), (d, a), $(-a, -d)$, $(-d, -a)$ のいずれかとなることである．

(2) $T(a, d)$ の鏡像は $T(a, -d)$．

(3) $d \geqq 2$ のとき，$T(a, d)$ はブレイド $(\sigma_1 \sigma_2 \ldots \sigma_{d-1})^a$ の閉ブレイドに同型である．

特にトーラス結び目は可逆的結び目である．例えば，$T(2, 2)$ とその鏡像 $T(2, -2)$ はそれぞれ正のホップの絡み目，負のホップの絡み目を表している．$T(2, 3)$ とその鏡像 $T(2, -3)$ はそれぞれ正の三葉結び目，負の三葉結び目を表す．この命題から，$T(a, d)$ ($|a| \geqq 2$, $|d| \geqq 2$) はもろて型にならないこともわかる．この命題の証明であるが，そのアウトラインは以下のようになされる．(2), (3) のチェックは容易である．(1) の十分性はトーラス絡み目の乗っているトーラスに穴をあけての裏返しと左右を逆転することにより示される．(1) の必要性については，$|a| = |d|$ の場合は絡み数の計算（問 4.4.3 参照）からわかる．$|a| \neq |d|$ のときには，補題 3.3.3 の (2) より，$T(a, d)$ が結び目の場合の分類に帰着される．その場合には，アレクサンダー多項式と局所符号数の計算（問 8.4.5）により分類が決定され，証明が完了する．

4.2. 2橋絡み目

 3次元空間 $\boldsymbol{R}^3$ 内の絡み目 L が n **橋絡み目** (n-bridge link) であるというのは, L の図式をライデマイスター移動で変形したもののうちで, y 軸の正方向でとる極大点の個数の最小数が n となることである. この値 n を L の**橋数** (bridge number) といい, $b(L) = n$ で表す. $b(L) = 1$ となる必要十分条件は, L が自明結び目であることである (補題 2.2.2 参照). $b(L) = n$ ならば, L はせいぜい n 成分の絡み目である (問 4.4.4). この観点から最も簡単な非自明絡み目は 2 橋絡み目である. この絡み目の完全な分類は 1956 年に H. Schubert によりなされた. この 2 橋絡み目は 3 次ブレイドと密接に関係している. まず, 0 でない整数の有限列 $a_1, a_2, a_3, \ldots, a_n$ が与えられたとき, 3 次ブレイド b_n を

$$b_n = \begin{cases} \sigma_1^{a_1} \sigma_2^{-a_2} \sigma_1^{a_3} \cdots \sigma_2^{-a_n} & (n \text{ 偶数}) \\ \sigma_1^{a_1} \sigma_2^{-a_2} \sigma_1^{a_3} \cdots \sigma_1^{a_n} & (n \text{ 奇数}) \end{cases}$$

で定義する. $C(a_1, a_2, a_3, \ldots, a_n)$ によって, この3次ブレイドを使って図 4.2 のように構成した絡み目を表す. これは2橋絡み目の **Conway の標準形** (Conway's normal form) といわれているが, すでに 1934 年に C. Bankwitz と H. G. Schumann が研究したのが最初のようである. 構成の仕方から, つぎのことが直ちにわかる:

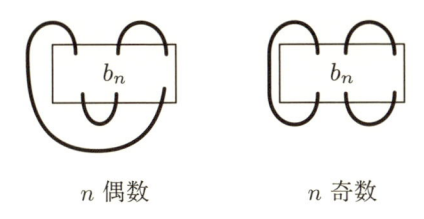

n 偶数 n 奇数

図 4.2

補題 4.2.1

(1) $C(a_1, a_2, \ldots, a_n) = C(a_1, a_2, \ldots, a_{n-1}, a_n \pm 1, \mp 1)$ (複合同順).

(2) $C(a_n, \ldots, a_2, a_1) = C((-1)^{n-1} a_1, (-1)^{n-1} a_2, \ldots, (-1)^{n-1} a_n)$.

 2橋絡み目の分類理論を述べるためには, 0 でないような整数の有限列 $a_1, a_2,$

$\ldots, a_n$ の**傾き** (slope) $[a_1, a_2, \ldots, a_n]$ を，連分数を使って，数学的帰納法によりつぎのように定義する：$[a_1] = \frac{1}{a_1}$ とおき，$[a_2, \ldots, a_n]$ が定義されているとき，

$$[a_1, a_2, \ldots, a_n] = \frac{1}{a_1 + [a_2, \ldots, a_n]}$$

とおく．ただし，$\frac{1}{0} = \infty$, $\frac{1}{\infty} = 0$ とおき，また任意の整数 a に対し $a + \infty = \infty$ と約束する．

例 4.2.2 (1) $[3, -2, 2, 3] = [2, 2, 1, 3] = \frac{11}{26}$.
(2) $[-2, 1, -2] = \infty$, $[3, -2, 1, -2] = 0$.

2 橋絡み目 $C(a_1, a_2, a_3, \ldots, a_n)$ の**型** (type) とは，$[a_1, a_2, \ldots, a_n] = \frac{a}{p}$ （ただし，$p \geqq 0$ で a, p は互いに素）とおくときの整数対 (p, a) のことである．2 橋絡み目については，つぎの分類定理が知られている：

定理 4.2.3 (1) 2 橋絡み目 $L = C(a_1, a_2, \ldots, a_n)$ が自明結び目 $\Leftrightarrow$ L の型が $(1, 整数)$.

(2) 2 橋絡み目 $L = C(a_1, a_2, \ldots, a_n)$ が 2 成分自明絡み目 $\Leftrightarrow$ L の型が $(0, 1)$.

(3) 自明でない 2 橋絡み目 $L = C(a_1, a_2, \ldots, a_n)$ と $L' = C(a'_1, a'_2, \ldots, a'_m)$ が（ひもの向きを無視して）同型 $\Leftrightarrow$ L, L' の型 $(p, a), (p', a')$ は条件 $p = p'$, かつ $a \equiv a' \pmod{p}$ または $aa' \equiv 1 \pmod{p}$ をみたす．さらに，p が奇数，偶数のとき，それぞれ L は結び目，2 成分絡み目になる．

2 橋絡み目 $C(a_1, a_2, \ldots, a_n)$ の鏡像は $C(-a_1, -a_2, \ldots, -a_n)$ なので，2 橋絡み目が（ひもの向きを無視して）もろて型かどうかの判定も定理 4.2.3 から得られることになる．この証明のポイントは，型 (p, a) の 2 橋絡み目の 2 重分岐被覆がレンズ空間 $L(p, a)$ に同相になり，その分類理論が定理 4.2.3 と正確に対応するからである（特講 S.2.1, S.2.2, S.2.3 参照）．特に $K_n = C(2, n)$ は，型 $(|2n+1|, |n|)$ をもつ結び目であるが，これを**ツイスト結び目** (twist knot) という（図 4.3）．議論を展開する上で都合がよいので，K_0 を自明結び目としてつけ加える．K_n の鏡像 $\bar{K}_n$ は K_{-n-1} に同型になる．$K_0 = K_{-1}$ は自明結び目で，K_2 は 8 の字結び目でもろて型であるから，$\bar{K}_2 = K_2 = \bar{K}_{-3} = K_{-3}$ である．定理 4.2.3 から，これらの場合を除けば，すべての整数 n で K_n は相異なることがわかる．

図 4.3　ツイスト結び目

4.3. プレッツェル絡み目

　平面幾何には球面幾何, ユークリッド幾何, 双曲幾何があるが, プレッツェル絡み目はそれらの平面幾何の折り返し変換の作用と密接に関係しており, その応用として分類できる絡み目の例として有名である (特講参照). 0 でない整数 $a_1, a_2,$ $\ldots, a_m$ に対し図 4.4 のように示された図式をもつ絡み目を**プレッツェル絡み目** (pretzel link) といい, $P(a_1, a_2, \ldots, a_m)$ で表す. ここで, $|a_i|$ は交差点の個数を表わし, 正負はねじれの向き (図のねじれの向きが正) を表わす. 0 でない整数の組 $(a_1, a_2, \ldots, a_m)$ の巡回置換 $(a'_1, a'_2, \ldots, a'_m)$ に対するプレッツェル絡み目 $P(a'_1, a'_2, \ldots, a'_m)$ は $P(a_1, a_2, \ldots, a_m)$ に同型であることはすぐわかる. また, $a_i = \pm 1$ ならば, $P(a_1, a_2, \ldots, a_m)$ は $P(a_i, a_1, \ldots, a_{i-1}, a_{i+1}, \ldots, a_m)$ と同型なので, プレッツェル絡み目は $P(\varepsilon, \ldots, \varepsilon, d_1, d_2, \ldots, d_n)$ ($\varepsilon = \pm 1, |d_j| > 1$) の形のものに同型である. そこで, すべての $-\varepsilon$ の和を c とおき, プレッツェ

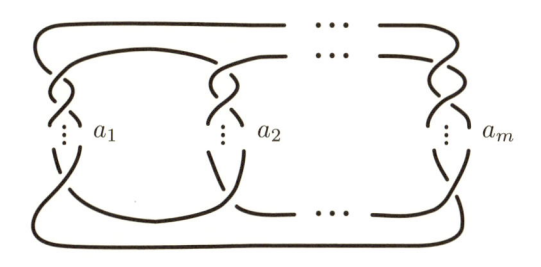

図 4.4

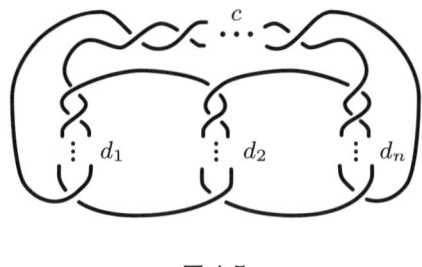

図 4.5

ル絡み目を $P(c; d_1, d_2, \ldots, d_n)$ ($|d_i| > 1$) のように表す（図 4.5 参照）（図のねじれの向きは $c < 0, d_i > 0$ となっている）．

補題 4.3.1 $P(c; d_1, d_2, \ldots, d_n)$ が結び目であるためには，つぎのいずれかの条件をみたすことが必要十分である：

(1) $n \geqq 0$ かつ $d_1, d_2, \ldots, d_n, n + c$ がすべて奇数となる（**奇数型プレッツェル結び目** (pretzel knot of odd type) という）．

(2) $n \geqq 1$ かつ $d_1, d_2, \ldots, d_n$ のうちの 1 個だけが偶数となる（**偶数型プレッツェル結び目** (pretzel knot of even type) という）．

図 4.6 に示された**フライピング** (flyping) とよばれる操作により，$d_i = 2\varepsilon$ ($\varepsilon = \pm 1$) ならば

$$P(c; d_1, d_2, \ldots, d_n) = P(c - \varepsilon; d_1, d_2, \ldots, -d_i, \ldots, d_n)$$

となるように変形できる．そこで，プレッツェル絡み目の表示として，d_i ($i = 1, 2, \ldots, n$) の中に ± 2 がある場合には，$|c|$ が最小になるような表示 $P(c; d_1, d_2,$

図 4.6　フライピング

$\ldots, d_n)$ を採用することにする．このような仮定のもとで，つぎの分類定理がなりたつ．

定理 4.3.2

(1) $P(c; d_1, d_2, \ldots, d_n)$ が 2 橋絡み目 $\Leftrightarrow n \leqq 2$. このとき，$c = 0$ ならば $P(c; d_1, d_2) = C(d_1 + d_2)$，また $c \neq 0$ ならば $P(c; d_1, d_2) = C(d_1, -c, d_2)$．

(2) $n \geqq 3$ のプレッツェル絡み目 $P(c; d_1, d_2, \ldots, d_n)$ と $P(c'; d'_1, d'_2, \ldots, d'_{n'})$ が（ひもの向きを無視して）同型 $\Leftrightarrow n = n'$, $c = c'$，かつ $(d'_1, d'_2, \ldots, d'_{n'})$ が $(d_1, d_2, \ldots, d_n)$ または $(d_n, \ldots, d_2, d_1)$ の巡回置換になることである．ただし，変換 $2 \to -2$ と $-2 \to 2$ の同数の入れ換えは無視して考えることにする．

(3) $n \geqq 3$ のプレッツェル結び目 $P(c; d_1, d_2, \ldots, d_n)$ が非可逆的結び目 $\Leftrightarrow$ それが奇数型であり，かつ $(d_1, d_2, \ldots, d_n)$ のどのような巡回置換も $(d_n, \ldots, d_2, d_1)$ にならない．

証明や平面幾何の折り返し変換作用との関連については特講を参照されたい．

プレッツェル絡み目 $P(c; d_1, d_2, \ldots, d_n)$ の鏡像は $P(-c; -d_1, -d_2, \ldots, -d_n)$ となるので，プレッツェル絡み目が（結び目ならばひもの向きを込めて）もろて型になるかどうかもこの定理からわかる．H. F. Trotter は，1964 年に $c = 0$, $n = 3$ の奇数型プレッツェル結び目に対してその非可逆性を指摘し，それにより初めて非可逆的結び目の存在が示されたのである．最も交差数の少ない非可逆的プレッツェル結び目は 15 交差数をもつ $P(0; \pm 3, \pm 5, \pm 7)$（計 8 個）である．

4.4. 第 4 講の補充・発展問題

問 4.4.1 $3 \leqq a < d \leqq 5$ のときのトーラス絡み目 $T(a, d)$ の図を描いて見よ．

問 4.4.2 図 4.7 の結び目 a, b はそれぞれトーラス結び目 $T(3, 4)$, $T(3, 5)$ に同型であることを示せ．

問 4.4.3 a, d を互いに素な整数とするとき，トーラス絡み目 $T(na, nd)$ $(n > 1)$ の任意の 2 つの成分の絡み数は ad となることを示せ．

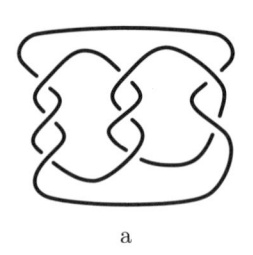

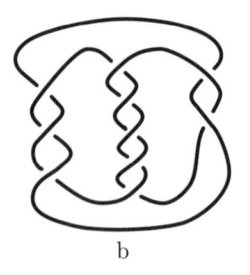

図 4.7

問 4.4.4 n 橋絡み目はせいぜい n 成分の絡み目で，ちょうど n 成分をもつときには各結び目成分は自明であることを示せ．

問 4.4.5 図 4.8 の 2 橋結び目の型を求め，もろて型かどうかを判定せよ．

図 4.8

問 4.4.6 結び目でないような 2 橋絡み目の 2 つの成分は，有限回のセル移動で交換できることを示せ．

問 4.4.7 図 4.9 はプレッツェル結び目になることを示し，可逆的結び目かどうかを判定せよ．また，もろて型かどうかを判定せよ．

図 4.9

第5講
ゲーリッツ不変量

　　絡み目の位相不変量はいろいろ知られているが，強力な位相不変量は計算が複雑であったりして手間がかかることが多い．絡み目の問題を考えるとき，望んでいる結果になるかどうかの可能性をまずは手軽に知りたい．そのような予測のための道具として，手軽に計算できる位相不変量を知っておくことは大いに役立つ．この講では，そのような位相不変量の1つ，ゲーリッツ不変量を紹介する．5.1 節ではゲーリッツ不変量の求め方を説明し，5.2 節ではいくつかの計算を行う．5.3 節ではゲーリッツ不変量の位相不変性を証明する．

5.1. ゲーリッツ不変量の求め方

　絡み目 L の連結な図式 D の向きを忘れたもの U を考えよう．図 5.1 に示されるように，U によって分けられた平面の領域を白黒交互に塗り分けることにす

図 5.1

58　第 5 講　ゲーリッツ不変量

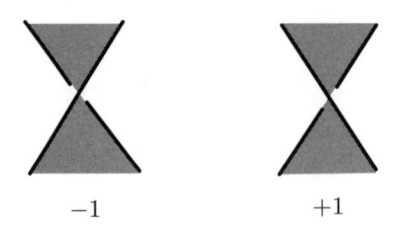

-1　　　　　$+1$

図 5.2

る（系 3.2.4 参照）．このような色の塗り分けを**白黒彩色** (BW coloring) または**チェッカーボード彩色** (checker board coloring) という．$X_i\ (i=0,1,2,\ldots,m)$ を黒領域全体とする．各交差点に符号 ± 1 を図 5.2 に示されたようにつける．$i\neq j$ となるような領域 X_i と X_j の間の交差点の符号和を X_i と X_j の**連結指数** (connecting index) といい，a_{ij} で表す．つぎに，a_{ii} を定義するが，これは領域 X_i と X_i の間の交差点の符号和をとるのではなく，

$$a_{ii}=-\sum_{j=0,j\neq i}^{m}a_{ij}$$

と定義する．こうして $a_{ij}\ (i,j=0,1,2,\ldots,m)$ を $(i+1,j+1)$ 成分とする $(m+1)$ 次対称整数行列 G を得る．この行列 G を絡み目 L の（連結な図式 U に関する）**ゲーリッツ行列** (Goeritz matrix) という．

例えば，図 5.3 の場合には，ゲーリッツ行列 G はつぎのように計算される：

$$G=\begin{pmatrix} -4 & 1 & 2 & 0 & 1 \\ 1 & -3 & 1 & 1 & 0 \\ 2 & 1 & -4 & 1 & 0 \\ 0 & 1 & 1 & -3 & 1 \\ 1 & 0 & 0 & 1 & -2 \end{pmatrix}$$

同じ絡み目 L の連結図式 U は豊富にあるので，ゲーリッツ行列 G 自体は絡み目 L の位相不変量でない．また，連結な図式 U を与えたとしても，黒領域のとり方は 2 通りあるのだから，U によるゲーリッツ行列のサイズでさえ，1 通り

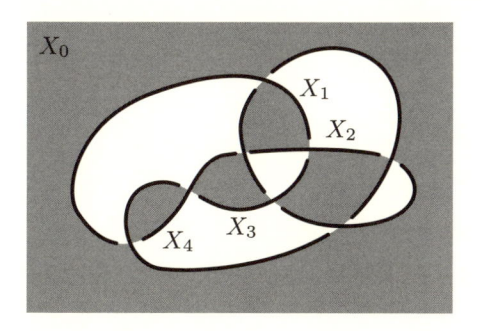

図 5.3

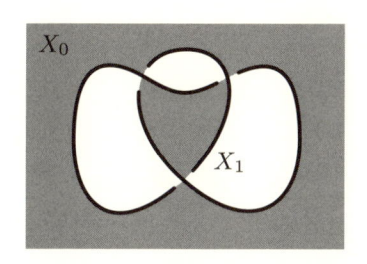

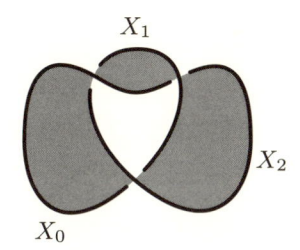

図 5.4

には決まらない．例えば，図 5.4 の三葉結び目について，

左側の場合 $G = \begin{pmatrix} -3 & 3 \\ 3 & -3 \end{pmatrix}$, 右側の場合 $G = \begin{pmatrix} 2 & -1 & -1 \\ -1 & 2 & -1 \\ -1 & -1 & 2 \end{pmatrix}$

となる．さて，ゲーリッツ行列から位相不変量を引き出すために，つぎのような整数行列 A の**基本変形** (elementary transformations) を考えよう．

I A を A のある縦（または横）ベクトルを -1 倍して得られる行列で置き換える．

II A を A の 2 つの縦（または横）ベクトルを交換して得られる行列で置き換える．

III A を A のある縦（または横）ベクトルの整数倍を他の縦（または横）ベ

クトルに加えてできる行列で置き換える.

IV A と $(A\mathbf{0})$ を交換する. ただし, $\mathbf{0}$ は A の縦ベクトルと同じサイズのゼロベクトルを表す.

V A と $A \oplus (1)$ を交換する.

整数行列 A に基本変形を何回か施すことにより整数行列 B が得られるならば, それらは**同値である** (be equivalent) という. 任意の整数行列 A は, つぎの条件 1 または条件 2 をみたすような一意的な対角整数行列 $(k_1) \oplus (k_2) \oplus \ldots \oplus (k_d)$ に同値である (問 5.4.2 参照). ただし A が正方行列ならば, 変形過程において基本変形 IV は不要である.

条件 1 $d = 1, k_1 \geqq 0$.

条件 2 $d \geqq 2$ で, $1 \leqq i \leqq d$ のとき $k_i \geqq 0, k_i \neq 1$ であり, かつ $1 \leqq i \leqq d-1$ のとき k_{i+1} は k_i の整数倍である.

このような整数列 $k_* = (k_1, k_2, \ldots, k_d)$ を A の**ねじれ不変量** (torsion invariant) といい, $k_*(A)$ で表す. また, d を A の**深度** (depth), ねじれ不変量に現れる 0 の個数を A の**退化次数** (nullity) といい, それぞれ $d(A), n(A)$ で表す.

注 整数行列の間の同値の意味はつぎのように解釈できる. すなわち, A が (n, m) 型行列のとき, $f_A(\boldsymbol{x}) = A\boldsymbol{x}$ で定義されるような線形写像 $f_A : \boldsymbol{Z}^m \to \boldsymbol{Z}^n$ の像による商群 $\boldsymbol{Z}^n / f_A(\boldsymbol{Z}^m)$ を A の**余核群** (cokernel group) とよび, $\mathrm{Coker}(A)$ で表す. このとき, 任意の行列 A と B が同値であるための必要十分条件は, それらの余核群が同型 $\mathrm{Coker}(A) \cong \mathrm{Coker}(B)$ になることである.

つぎの定理を示すことがこの講での目的である:

定理 5.1.1 絡み目 L の連結な図式 U の任意の白黒彩色のゲーリッツ行列 G から任意の 1 行と 1 列を除いて得られる行列 G_1 のねじれ不変量 $k_*(G_1)$ は L の位相不変量である.

この定理において, $k_*(G_1)$ を L の**ゲーリッツ不変量** (Goeritz invariant) といい, $k_*(L)$ で表す. また, $d(G_1)$ を L の**深度** (depth), $n(G_1)$ を L の**退化次数** (nullity) といい, それぞれ $d(L), n(L)$ で表す. つぎの系は定理 5.1.1 とゲーリッツ行列の定義からすぐにわかる.

系 5.1.2 絡み目 L のいくつかの結び目成分の向きを変えて得られる絡み目を L', L の鏡像を L^* で表すとき,

$$d(L) = d(L') = d(L^*),$$
$$k_*(L) = k_*(L') = k_*(L^*),$$
$$n(L) = n(L') = n(L^*)$$

がなりたつ.

証明 L と L' は同じ白黒彩色をもつ連結な図式をもつので, 同じゲーリッツ行列をもてる. また, L の連結な図式のある白黒彩色のゲーリッツ行列を G とするとき, 鏡像 L^* の連結な図式の白黒彩色のゲーリッツ行列として $-G$ がとれる. □

5.2. ゲーリッツ不変量のいくつかの計算例

この節では, いくつかの絡み目のゲーリッツ不変量を計算しよう.

例 5.2.1 図 5.1 の白黒彩色をもつ結び目 K のゲーリッツ行列 G は,

$$G = \begin{pmatrix} -4 & 1 & 2 & 0 & 1 \\ 1 & -3 & 1 & 1 & 0 \\ 2 & 1 & -4 & 1 & 0 \\ 0 & 1 & 1 & -3 & 1 \\ 1 & 0 & 0 & 1 & -2 \end{pmatrix}$$

と計算される. $G_1 = \begin{pmatrix} -3 & 1 & 1 & 0 \\ 1 & -4 & 1 & 0 \\ 1 & 1 & -3 & 1 \\ 0 & 0 & 1 & -2 \end{pmatrix}$ として, その 3 番縦ベクトルの 2 倍を 4 番縦ベクトルに加えることにより, G_1 は

$$G_2 = \begin{pmatrix} -3 & 1 & 2 \\ 1 & -4 & 2 \\ 1 & 1 & -5 \end{pmatrix}$$

に同値になる．その2番縦ベクトルの3倍を1番縦ベクトルに加え，それから2番縦ベクトルの -2 倍を3番縦ベクトルに加えることにより，G_2 は $G_3 = \begin{pmatrix} -11 & 10 \\ 4 & -7 \end{pmatrix}$ に同値になる．その1番縦ベクトルの2倍を2番縦ベクトルに加えることにより，G_3 は $G_3' = \begin{pmatrix} -11 & -12 \\ 4 & 1 \end{pmatrix}$ となり，G_3' の2番横ベクトルの12倍を1番横ベクトルに加えると，G_3' は (37) に同値になり，$d(K) = 1$, $k_1(K) = 37$, $n(K) = 0$ となる．

例 5.2.2 図 5.4 の左側の白黒彩色をもつ三葉結び目 K のゲーリッツ行列は $G = \begin{pmatrix} -3 & 3 \\ 3 & -3 \end{pmatrix}$ であるから，$G_1 = (-3)$ となり，$d(K) = 1$, $k_1(K) = 3$, $n(K) = 0$ となる．

例 5.2.3 図 5.5 の白黒彩色をもつホップの絡み目 L のゲーリッツ行列は

$$G = \begin{pmatrix} 2 & -2 \\ -2 & 2 \end{pmatrix}$$

であるから，$G_1 = (2)$ となり，$d(L) = 1$, $k_1(L) = 2$, $n(L) = 0$ となる．

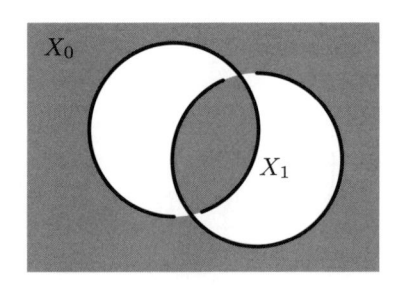

図 5.5

例 5.2.4 図 5.6 の白黒彩色をもつホワイトヘッドの絡み目 L のゲーリッツ行列は

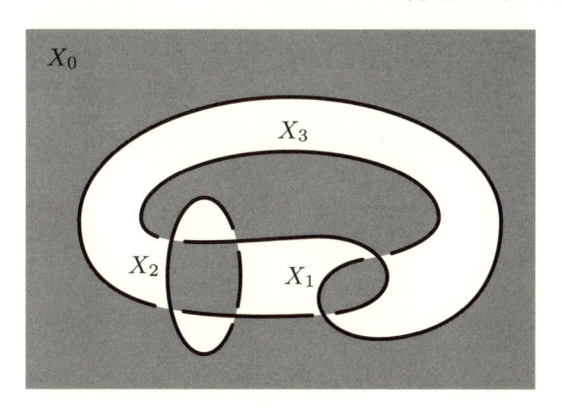

図 5.6

$$G = \begin{pmatrix} -3 & 1 & 2 & 0 \\ 1 & -2 & 0 & 1 \\ 2 & 0 & 0 & -2 \\ 0 & 1 & -2 & 1 \end{pmatrix}$$

であるから,

$$G_1 = \begin{pmatrix} -2 & 0 & 1 \\ 0 & 0 & -2 \\ 1 & -2 & 1 \end{pmatrix}$$

ととれる．3番縦ベクトルの2倍をそれぞれ1番縦ベクトルに加えることにより，G_1 は $\begin{pmatrix} -4 & 0 \\ 3 & -2 \end{pmatrix}$ に同値になり，$\begin{pmatrix} -4 & 0 \\ 3 & -2 \end{pmatrix}$ の1番縦ベクトルを2番縦ベクトルに加え，それから2番縦ベクトルの (-3) 倍を1番縦ベクトルに加えると，(8) に同値になることがわかる．よって，$d(L) = 1$, $k_1(L) = 8$, $n = 0$ となる．

例 5.2.5 三葉結び目の s 個のコピーの連結和 K_s のゲーリッツ行列は，図 5.7 のような白黒彩色をとると，$s+1$ 次正方行列

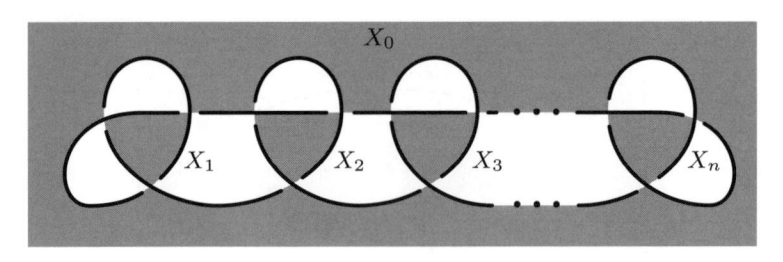

図 5.7

$$G = \begin{pmatrix} -6 & 3 & \cdots & 3 \\ 3 & & & \\ \vdots & & G_1 & \\ 3 & & & \end{pmatrix}, \quad G_1 = (-3) \oplus \cdots \oplus (-3)$$

となる．したがって，G_1 は基本変形により $(3) \oplus \cdots \oplus (3)$ とできるからつぎを得る：

$$d(K_s) = s, \quad k_1(K_s) = k_2(K_s) = \cdots = k_s(K_s) = 3, \quad n(K_s) = 0.$$

例 5.2.6 図 5.8 のボロミアン環 B のゲーリッツ行列は

$$G = \begin{pmatrix} -3 & 1 & 1 & 1 \\ 1 & -3 & 1 & 1 \\ 1 & 1 & -3 & 1 \\ 1 & 1 & 1 & -3 \end{pmatrix}$$

であるから，

$$G_1 = \begin{pmatrix} -3 & 1 & 1 \\ 1 & -3 & 1 \\ 1 & 1 & -3 \end{pmatrix}$$

ととれる．2 番縦ベクトルの 3, -1 倍をそれぞれ 1, 3 番縦ベクトルに加えることにより，G_1 は $\begin{pmatrix} -8 & 4 \\ 4 & -4 \end{pmatrix}$ に同値になり，この行列については，2 番縦ベクトルを 1 番縦ベクトルに加え，それから 2 番横ベクトルを 1 番横ベクトルに

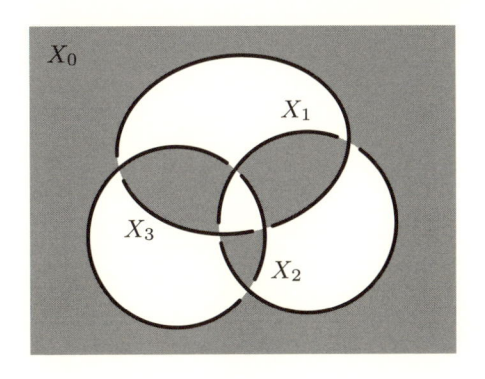

図 5.8

加えることにより，$(-4) \oplus (-4)$ に同値になる．よって，G_1 は $(4) \oplus (4)$ に同値になり，$d(L) = 2$, $k_1(B) = k_2(B) = 4$, $n(B) = 0$ となる．

例 5.2.7 r 成分の自明絡み目 O^r に対しては，$r = 1$ のとき，図 5.9 の左図のような連結な図式をとることにより，$d(O^1) = k_1(O^1) = 1$, $n(O^1) = 0$ となる．$r \geqq 2$ のとき，図 5.9 の右図のような連結な図式をとることにより，$d(O^r) = n(O^r) = r - 1$ となることがわかる．

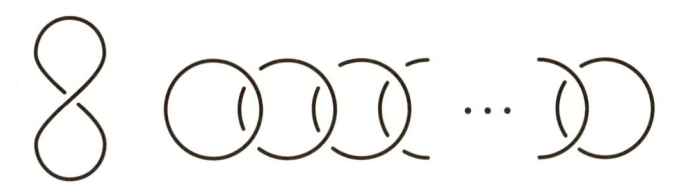

図 5.9

5.3. ゲーリッツ不変量の位相不変性の証明

この節を通して，定理 5.1.1 の証明を行う．まず，コンパクトでない領域を黒領域とするような連結な図式 U の白黒彩色のとり扱いを説明する．次の補題は明らかだろう．

補題 5.3.1 連結な図式 U のコンパクトでない領域を白領域とする白黒彩色と

66 第5講 ゲーリッツ不変量

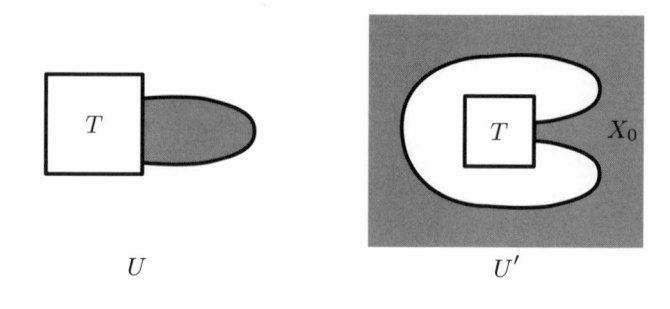

図 5.10

図 5.10 のように U を変形した連結な図式 U' のコンパクトでない領域を黒領域とするような白黒彩色を考える．ただし，この図において四角形の中には同じ白黒彩色部分が入っているものとする．このとき，これらのゲーリッツ行列は等しくなる．

補題 5.3.1 の重要な点は，ライデマイスター移動 I, II, III を有限回施すことにより，図式 U が図式 U' から得られることである．このことを考慮すれば，定理 5.1.1 を示すにはつぎの主張を示せば十分であることがわかる．

命題 5.3.2 連結な図式 U にライデマイスター移動 I, II, III を有限回施すことにより連結な図式 U' が得られたと仮定する．このとき，コンパクトでない領域を白領域とする白黒彩色による U, U' のゲーリッツ行列 G, G' はつぎの行列変形の有限回で移り合う：

(1) 正方整数行列 A をユニモジュラー行列（すなわち，$\det(P) = \pm 1$ となるような正方整数行列）P に対する積 $P^T A P$ で置き換える．

(2) 正方整数行列 A と $A \oplus (1)$ あるいは $A \oplus (-1)$ を入れ換える．

命題 5.3.2 を仮定するとき，定理 5.1.1 の証明はつぎのようになされる：

定理 5.1.1 の証明 G_1, G'_1 をそれぞれ命題 5.3.2 の G, G' から任意 1 つの行と列を除いて得られた行列とする．そのとき，G, G' はそれぞれブロック和 $G_1 \oplus (0), G'_1 \oplus (0)$ に同値である．これは各行の和および各列の和がともに 0 になるからわかる．整数正方行列 A のねじれ不変量は命題 5.3.2 の行列変形で

5.3. ゲーリッツ不変量の位相不変性の証明   67

不変である（問 5.4.3）ので，つぎがなりたつ．

(1) $n(G_1) = n(G) - 1 = n(G') - 1 = n(G'_1)$,
(2) $d(G_1) = d(G) - 1 = d(G') - 1 = d(G'_1)$,
(3) $d = d(G_1) = d(G'_1)$ とおくとき，$k_i(G_1) = k_i(G) = k_i(G') = k_i(G'_1)$ $(1 \leqq i \leqq d)$, $k_{d+1}(G) = k_{d+1}(G') = 0$. □

つぎの補題は命題 5.3.2 の証明を数学的帰納法により進める上で重要である．

補題 5.3.3 絡み目 L の連結な図式 U にライデマイスター移動 I, II, III を有限回施すことにより連結な図式 U' が得られたと仮定する．このとき連結な図式の列 U_k $(k = 0, 1, \ldots, m)$ で $U_0 = U$, $U_m = U'$ かつ U_{k+1} が U_k からライデマイスター移動 I, II あるいは III により得られるようなものが存在する．

証明 L は分離不能絡み目 L_i $(i = 1, 2, \ldots, r)$ の分離和であるとする．$r = 1$ の場合には明らかであるから $r \geqq 2$ と仮定する．L の連結な図式 U は L_i の適当な連結な図式 U_i $(i = 1, 2, \ldots, r)$ の和になる．各 $i \geqq 2$ に対し，交差点でないような U_1 のある点と U_i のある点をつなぐ単純弧 α_i を，つぎの条件をみたすようにとる：

（条件） α_i $(i = 2, 3, \ldots, r)$ は，互いに交わらないものとし，またそれらと U との端点以外での交差点は横断的に交差する 2 重点のみである．

連結とは限らない図式の列 U'_j $(j = 1, 2, \ldots, \ell)$ で $U'_1 = U$, $U'_\ell = U'$ かつ U'_{j+1} は U'_j からライデマイスター移動 I, II あるいは III で得られているものとする．ライデマイスター移動により α_i は変形されるが，U'_j において α_i の変形されたものを α^i_j で表す．各 j に対し，単純弧を加えた図式 $U'_j \cup_{i=2}^r \alpha^i_j$ を考えるとき，（単純弧の端点以外の）交差点は横断的に交差する 2 重点のみであると考えてよいので，すべての i について単純弧 α^i_j に沿ってライデマイスター移動 II を施して U'_j から得られる図式 U''_j は連結図となる（図 5.11 参照）．図式 U'_j から U'_{j+1} に至るライデマイスター移動 I, II あるいは III の操作は，連結図式 U''_j から連結図式 U''_{j+1} を作るライデマイスター移動 I, II, III による連結図式の有限列を与える．U'_1, U'_ℓ は連結図式だから，U'_1, U'_ℓ はそれぞれ U''_1, U''_ℓ からライデマイスター移動 II による連結図式の有限列で得られる．こうして，連

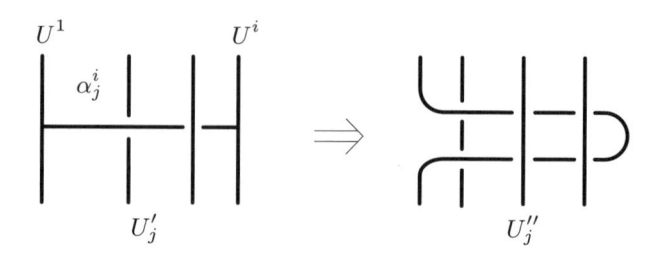

図 5.11

結図式 U'_ℓ は連結図式 U'_1 からライデマイスター移動 I, II, III による連結図式の有限列で移ることがわかる．□

つぎの補題は連結図式の特徴の 1 つを示している．

補題 5.3.4 連結図式のコンパクトでない領域を白領域とする白黒彩色の黒領域部分は，平面に埋め込まれたいくつかの互いに交わらない 2-セルにいくつかの半ひねりバンドを縁に沿ってつなぐことにより得られる．

証明 連結図式 U の黒領域部分から各交差点近くの近傍（半ひねりバンド部分）を除くと，平面に埋め込まれたコンパクト 2 次元多様体 B が得られる．平面内の単純ループは平面内の 2-セルの境界になる（ジョルダン曲線定理）から，B の内部に埋め込まれた単純ループは B を 2 つの部分に分ける．図式が連結であるので，その内の 1 つは U とは交われず，それは必ず 2-セルでなければならない．これは，B がいくつかの互いに交わらない 2-セルの直和であることを意味する．□

命題 5.3.2 の証明 補題 5.3.1, 5.3.3 により，連結図式 U' が連結図式 U よりライデマイスター移動 I, II あるいは III の 1 回の操作により得られるとき，コンパクトでない領域を白領域とする白黒彩色による U, U' のゲーリッツ行列 G, G' は行列変形 (1), (2) の有限回の操作により移り合うことを示せばよい．まず，黒領域の添え字番号の変更によるゲーリッツ行列の変化は，行列変形 (1) に対応しているので，黒領域の添え字番号は自由に付けてよい．都合のよい黒領域の添え字番号で考えることにする．ライデマイスター移動 III について鏡像をとって

(i) (ii)

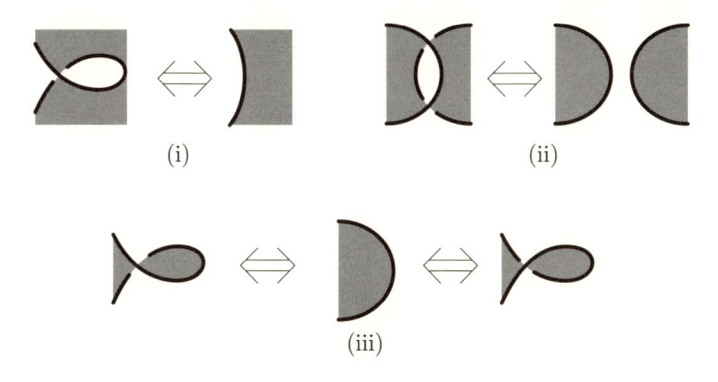

(iii)

図 5.12

考えることを許せば，以下のように7つの場合に分けて証明すれば十分である．

場合1：図 5.12 のライデマイスター移動　(i) と (ii) に示された（白黒彩色付き）ライデマイスター移動では，ゲーリッツ行列は変化しない．また，(iii) のライデマイスター移動の場合には，ゲーリッツ行列は行列変形 (2) で移り合うことがわかる．

以下の議論において，A は適当な自然数 m に対する m 次正方整数行列でその (i,j) 成分は X_{i-1} と X_{j-1} の連結指数とする．$1 \leqq i \leqq m, 1 \leqq j \leqq m$. また $\boldsymbol{a}, \boldsymbol{b}, \boldsymbol{c}$ は m 次整数縦ベクトル，$\boldsymbol{0}$ は m 次ゼロ縦ベクトル，u, v, w, x, y, z は整数を表す．

場合2：図 5.13 のライデマイスター移動　図の左側のゲーリッツ行列 G は

$$G = \begin{pmatrix} A & \boldsymbol{a} & \boldsymbol{0} & \boldsymbol{b} \\ \boldsymbol{a}^T & u & 1 & v \\ \boldsymbol{0}^T & 1 & 0 & -1 \\ \boldsymbol{b}^T & v & -1 & w \end{pmatrix}$$

と表され，各縦・横ベクトルの成分の和が0になることに注意するとき，行列変形 (1) により，G はブロック和

$$A \oplus (1) \oplus (-1) \oplus (0) \quad \text{または} \quad A \oplus \begin{pmatrix} 0 & 1 \\ 1 & 0 \end{pmatrix} \oplus (0)$$

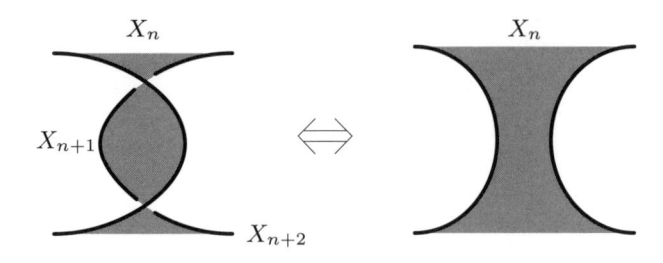

図 5.13

に変形される（問 5.4.4）．また，行列変形 (1) により，

$$\begin{pmatrix} 0 & 1 \\ 1 & 0 \end{pmatrix} \oplus (1)$$

は $(1) \oplus (-1) \oplus (1)$ に変形できる（問 5.4.5）ので，結局行列変形 (1), (2) により，G は $A \oplus (0)$ に変形される．図 5.13 右側のゲーリッツ行列 G' は

$$G' = \begin{pmatrix} A & \boldsymbol{a} + \boldsymbol{b} \\ \boldsymbol{a}^T + \boldsymbol{b}^T & u + 2v + w \end{pmatrix}$$

と表され，その各縦・横ベクトルの成分の和が 0 になることに注意するとき，行列変形 (1) により，G' はブロック和 $A \oplus (0)$ に変形される．こうして，図 5.13 の場合に，G と G' は行列変形 (1), (2) で移り合うことがわかる．

場合 3：図 5.14 のライデマイスター移動　右側の図式は補題 5.3.4 により連結絡み目図式ではない．したがって，考える必要はない．

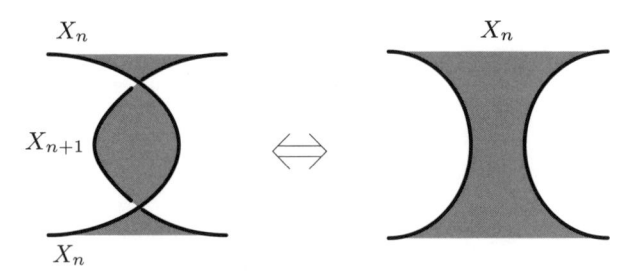

図 5.14

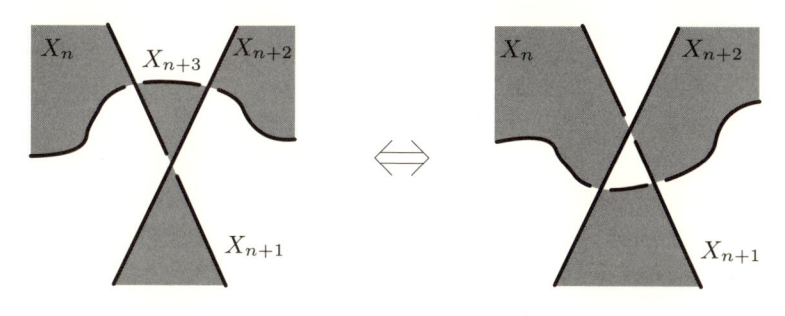

5.3. ゲーリッツ不変量の位相不変性の証明   71

図 5.15

場合 4：図 5.15 のライデマイスター移動　図の左側のゲーリッツ行列 G は

$$G = \begin{pmatrix} A & \boldsymbol{a} & \boldsymbol{b} & \boldsymbol{c} & \boldsymbol{0} \\ \boldsymbol{a}^T & u & v & w & -1 \\ \boldsymbol{b}^T & v & x & y & -1 \\ \boldsymbol{c}^T & w & y & z & 1 \\ \boldsymbol{0}^T & -1 & -1 & 1 & 1 \end{pmatrix}$$

となり，図の右側のゲーリッツ行列 G' は

$$G' = \begin{pmatrix} A & \boldsymbol{a} & \boldsymbol{b} & \boldsymbol{c} \\ \boldsymbol{a}^T & u-1 & v-1 & w+1 \\ \boldsymbol{b}^T & v-1 & x-1 & y+1 \\ \boldsymbol{c}^T & w+1 & y+1 & z-1 \end{pmatrix}$$

となる．ゲーリッツ行列 G において，$(m+4)$ 番縦ベクトルの 1 倍，1 倍，-1 倍をそれぞれ $(m+1)$ 番縦ベクトル，$(m+2)$ 番縦ベクトル，$(m+3)$ 番縦ベクトルに加え，それから $(m+4)$ 番横ベクトルの 1 倍，1 倍，-1 倍をそれぞれ $(m+1)$ 番横ベクトル，$(m+2)$ 番横ベクトル，$(m+3)$ 番横ベクトルに加えて得られた行列はブロック和 $G' \oplus (1)$ になる．こうして，行列変形 (1), (2) により G と G' は移り合う．

場合 5：図 5.16 のライデマイスター移動　図の左側と右側のゲーリッツ行列 G, G' はつぎのように表される．

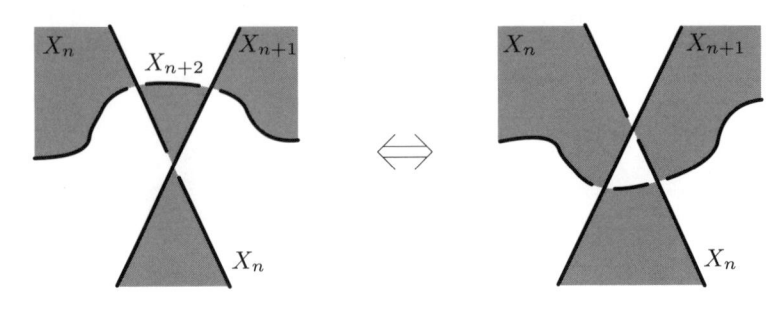

図 5.16

$$G = \begin{pmatrix} A & a & b & 0 \\ a^T & u & v & -2 \\ b^T & v & w & 1 \\ 0^T & -2 & 1 & 1 \end{pmatrix} \quad G' = \begin{pmatrix} A & a & b \\ a^T & u-4 & v+2 \\ b^T & v+2 & w-1 \end{pmatrix}$$

したがって，この場合にも，行列変形 (1) により，G はブロック和 $G' \oplus (1)$ に変形され，行列変形 (1), (2) により G と G' は移り合う．

場合 6：図 5.17 のライデマイスター移動　この場合には，G, G' はつぎのような行列となり，行列変形 (1), (2) により G と G' は移り合う．

$$G = \begin{pmatrix} A & a & b & 0 \\ a^T & u & v & 0 \\ b^T & v & w & 1 \\ 0^T & 0 & 1 & -1 \end{pmatrix} \quad G' = \begin{pmatrix} A & a & b \\ a^T & u & v \\ b^T & v & w+1 \end{pmatrix}$$

場合 7：図 5.18 のライデマイスター移動　図の左側と右側のゲーリッツ行列 G, G' はつぎのように表される．

$$G = \begin{pmatrix} A & a & 0 \\ a^T & u & 1 \\ 0^T & 1 & -1 \end{pmatrix} \quad G' = \begin{pmatrix} A & a \\ a^T & u+1 \end{pmatrix}$$

ゲーリッツ行列 G において，$(m+2)$ 番縦ベクトルを $(m+1)$ 番縦ベクトルに

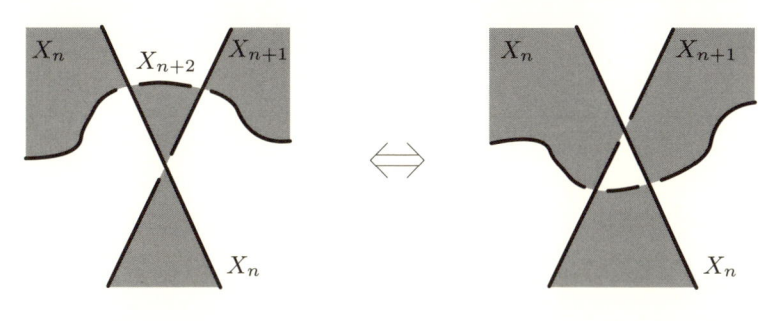

図 5.17

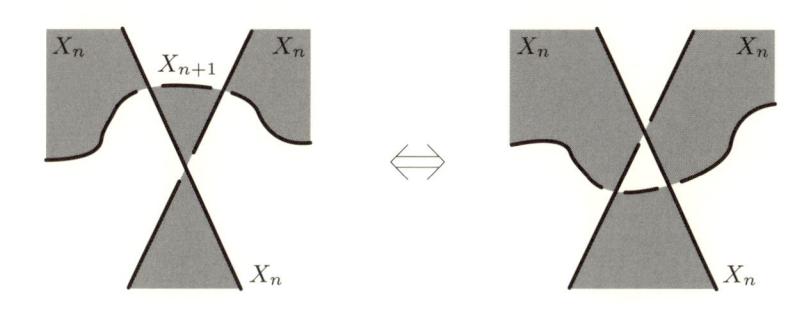

図 5.18

加え, $(m+2)$ 番横ベクトルを $(m+1)$ 番横ベクトルに加えて得られた行列はブロック和 $G' \oplus (-1)$ になるので, 行列変形 (1), (2) により G と G' は移り合う.

こうして, すべての場合に, 行列変形 (1), (2) により G と G' が移り合うことが示され, 命題 5.3.2 の証明が完成する. □

5.4. 第 5 講の補充・発展問題

問 5.4.1 すべての絡み目は, 同一の黒領域を結ぶ交差点がないような白黒彩色の連結図式をもつことを示せ.

問 5.4.2 (n, m) 型整数行列 A に対し, (1)–(4) を示せ.

(1) A のねじれ不変量 $k_*(A) = (k_1, k_2, \ldots, k_d)$ が存在し，かつ A により一意的に定まる．

(2) A が整数行列 B に同値ならば，$k_*(A) = k_*(B)$ となる．

(3) A の階数が r ならば，$n(A) = n - r$ となる．

(4) $n = m$ のとき，A の行列式 $\det A = \pm k_1 k_2 \ldots k_d$ となる．

問 5.4.3 整数行列 A のねじれ不変量 $k_*(A) = (k_1, k_2, \ldots, k_d)$ は命題 5.3.2 の行列変形で不変であることを示せ．

問 5.4.4 (m, n) 型整数行列 $A = (a_{ij})$ から 1 つの成分 a_{hk} を含む行と列を除いて得られる行列を A_{hk} で表す．各 i', j' に対して

$$\sum_{j=1}^{n} a_{i'j} = \sum_{j=1}^{m} a_{ij'} = 0$$

となるならば，A は基本変形により $A_{hk} \oplus (0)$ に変形できることを示せ．

問 5.4.5 つぎの等式を満たす 3 次正方整数行列 P で $\det P = \pm 1$ となるようなものを見出せ．

$$P^T \left(\begin{pmatrix} 0 & 1 \\ 1 & 0 \end{pmatrix} \oplus (1) \right) P = (1) \oplus (-1) \oplus (1)$$

問 5.4.6 ツイスト結び目 K_n について，$d(K_n) = 1$, $k_1(K_n) = |2n+1|$ となることを示せ．

問 5.4.7 図 5.19 の五輪のマークのゲーリッツ不変量は $d = 4$ で，$k_1 = k_2 = k_3 = k_4 = 2$ となることを示せ．

図 5.19

第6講
ジョーンズ多項式

　この講では，L. H. Kauffman のブラケット多項式を利用したジョーンズ多項式の存在定理を証明し，その基本的な性質を述べる．6.1 節ではブラケット多項式を導入し，6.2 節でジョーンズ多項式の存在定理を証明する．6.3 節ではジョーンズ多項式の定義式やその基本的な性質を説明する．

6.1. カウフマンのブラケット多項式

　絡み目図式 D に対し，その向きを忘れたものを U で表す．向き付けられていない絡み目図式 U には，交差点 p でのスプライスは 2 種類考えられる．図 6.1 のように，交差点 p を $0, \infty$ のように変えて U から得られる図式を U_0, U_∞ で表し，それぞれ U の **A-スプライス** (A-splice)，**B-スプライス** (B-splice) という．交差点 p での変形であることを強調するときには，図式 U_0, U_∞ はそれぞれ U_0^p, U_∞^p のように表すことにする．L. H. Kauffmann による図式 U の **ブラケット多項式** (bracket polynomial) $\langle U \rangle$ を，図式 U の交差数（つまり交差点の数）n の数学的帰納法により，つぎのように定義する：

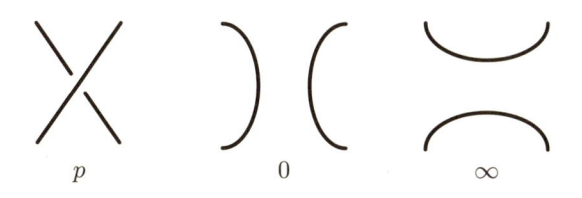

図 6.1　スプライス

定義 6.1.1

(0) $n=0$ のときには，$\langle U \rangle = \delta^{r-1}$ とおく．ただし，δ は未知数で，r は U 内の自明なループの個数を表す．

(1) $n=1$ のときには，U_0, U_∞ は交差数 0 の図式であるので，

$$\langle U \rangle = A\langle U_0 \rangle + B\langle U_\infty \rangle$$

と定義する．ただし，A, B は未知数とする．

(2) $n-1\,(\geq 1)$ 個の交差数の任意の図式 U' に対して，ブラケット多項式 $\langle U' \rangle$ が定義されていると仮定する．このとき，n 個の交差数の任意の図式 U と交差点 p に対し，U_0^p, U_∞^p は交差数 $n-1$ の図式であるので，数学的帰納法の仮定により

$$\langle U \rangle = A\langle U_0^p \rangle + B\langle U_\infty^p \rangle$$

と定義する．

定義 6.1.1 がうまく定義されていることを示すには，(2) の定義式が交差点 p のとり方によらないことを示す必要があるが，このことはつぎの補題で示される．

補題 6.1.2 $A\langle U_0^p \rangle + B\langle U_\infty^p \rangle$ の値は交差点 p の選択によらない．

証明 図式 U の交差数 $n \geq 1$ の数学的帰納法で示す．$n=1$ ならば明らかなので，$n \geq 2$ として，交差数 n の図式 U を考える．p, q を U の異なる交差点とするとき，

$$A\langle U_0^p \rangle + B\langle U_\infty^p \rangle = A\langle U_0^q \rangle + B\langle U_\infty^q \rangle$$

となることを示そう．図式 $U_0^p, U_\infty^p, U_0^q, U_\infty^q$ は交差数が $n-1$ となるので，数学的帰納法によりつぎの等式が得られる：

$$\langle U_0^p \rangle = A\langle (U_0^p)_0^q \rangle + B\langle (U_0^p)_\infty^q \rangle,$$
$$\langle U_\infty^p \rangle = A\langle (U_\infty^p)_0^q \rangle + B\langle (U_\infty^p)_\infty^q \rangle,$$
$$\langle U_0^q \rangle = A\langle (U_0^q)_0^p \rangle + B\langle (U_0^q)_\infty^p \rangle,$$
$$\langle U_\infty^q \rangle = A\langle (U_\infty^q)_0^p \rangle + B\langle (U_\infty^q)_\infty^p \rangle.$$

これらを上の等式の左辺と右辺に代入すると，

$$\text{左辺} = A(A\langle(U_0^p)_0^q\rangle + B\langle(U_0^p)_\infty^q\rangle)$$
$$+ B(A\langle(U_\infty^p)_0^q\rangle + B\langle(U_\infty^p)_\infty^q\rangle),$$
$$\text{右辺} = A(A\langle(U_0^q)_0^p\rangle + B\langle(U_0^q)_\infty^p\rangle)$$
$$+ B(A\langle(U_\infty^q)_0^p\rangle + B\langle(U_\infty^q)_\infty^p\rangle)$$

となるが，図形をみれば $(U_i^p)_j^q = (U_j^q)_i^p$ $(i, j = 0, \infty)$ であるので，左辺＝右辺を得る．□

図式 U のすべての交差点に A-スプライスまたは B-スプライスを施して得られた図式を**ステイト** (state) という．U のステイトの集合を S で表す．ステイト $s \in S$ が p 回の A-スプライスと q 回の B-スプライスで U から得られるとき，積 $A^p B^q$ をステイト s に関する U の**重み** (weight) といい，$\langle U/s \rangle$ で表す．ここで $p + q$ が U の交差数に等しいことに注意しよう．s の自明なループの数を $|s|$ で表すとき，ブラケット多項式 $\langle U \rangle$ はつぎのように表せる．

補題 6.1.3 $\langle U \rangle = \sum_{s \in S} \langle U/s \rangle \delta^{|s|-1}$．

証明 U の交差数 n に関する数学的帰納法により示そう．$n = 0$ ならば確かになりたつ．$n \geqq 1$ とし，交差数 $n - 1$ の任意の図式でなりたつと仮定して，交差数 n の任意の図式 U でなりたつことを示そう．等式

$$\langle U \rangle = A\langle U_0^p \rangle + B\langle U_\infty^p \rangle$$

において，U, U_0^p, U_∞^p のステイトの集合をそれぞれ，S, S_0, S_∞ で表すと，$S = S_0 \cup S_\infty$ となる．数学的帰納法の仮定により，

$$\langle U_0^p \rangle = \sum_{s \in S_0} \langle U_0^p/s \rangle \delta^{|s|-1}, \quad \langle U_\infty^p \rangle = \sum_{s \in S_\infty} \langle U_\infty^p/s \rangle \delta^{|s|-1}$$

であり，$s \in S_0$ のとき $\langle U/s \rangle = A\langle U_0^p/s \rangle$；$s \in S_\infty$ のとき $\langle U/s \rangle = B\langle U_\infty^p/s \rangle$ がなりたつので，等式

$$\langle U \rangle = \sum_{s \in S} \langle U/s \rangle \delta^{|s|-1}$$

が得られる．□

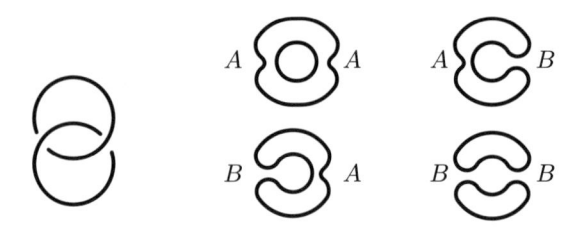

図 6.2 ホップの絡み目図式とそのステイト

ここで，例として，U がホップの絡み目（図 6.2）の場合に計算してみよう．

例 6.1.4 図 6.2 で示されているように，U から 4 つのステイトが得られる．よって，
$$\langle U \rangle = A^2 \delta + 2AB + B^2 \delta$$
となる．

つぎのブラケット多項式の性質は，定義に基づく計算で比較的簡単に示せる．

命題 6.1.5 (1) 交叉しない 2 つの図式 U, U' の直和 $U + U'$ に対し，直和公式
$$\langle U + U' \rangle = \delta \langle U \rangle \cdot \langle U' \rangle$$
がなりたつ．特に，U と交叉しない自明なループ O に対しつぎがなりたつ．
$$\langle O + U \rangle = \delta \langle U \rangle.$$

(2) つぎの等式がなりたつ．ただし，この等式において，図式の描かれていない部分には同一の任意の図式があるものと考えている．
$$\langle \;\;\rangle = AB \langle \;\; \rangle + (A^2 + AB\delta + B^2) \langle \;\; \rangle$$

証明 (1) に対しては，$U + U'$ の交差数 n に関する数学的帰納法で証明する．$n = 0$ のときはブラケット多項式の定義から，$\langle U + U' \rangle = \delta \langle U \rangle \langle U' \rangle$ は明らかである．$n \geqq 1$ とし，$n - 1$ の場合にはなりたつと仮定して，n の場合を示そ

う．$U+U'$ の任意の交差点 p をとる．p が U の交差点である場合，つぎの等式がなりたつ：

$$\langle U+U'\rangle = A\langle U_0^p+U'\rangle + B\langle U_\infty^p+U'\rangle.$$

図式 U_0^p+U', U_∞^p+U' は交差数 $n-1$ の図式であるから，

$$\langle U_0^p+U'\rangle = \delta\langle U_0^p\rangle\langle U'\rangle, \quad \langle U_\infty^p+U'\rangle = \delta\langle U_\infty^p\rangle\langle U'\rangle$$

がなりたつ．よって，

$$\langle U+U'\rangle = \delta(A\langle U_0^p\rangle + B\langle U_\infty^p\rangle)\langle U'\rangle = \delta\langle U\rangle\langle U'\rangle$$

がなりたつ．p が U' の交差点である場合は，U と U' の役割を交替すれば，同様にしてなりたつことがわかる．(2) は定義に基づく計算の途中で (1) を使えば得られる．実際，

$$\langle \asymp \rangle = A\langle \times \rangle + B\langle)(\rangle$$
$$= A(A\langle \asymp \rangle + B\langle)(\rangle)$$
$$+ B(A\langle \asymp \rangle + B\langle \asymp \rangle)$$
$$= AB\langle)(\rangle + (A^2 + \delta AB + B^2)\langle \asymp \rangle$$

となる．□

命題 6.1.5 (2) において

$$AB = 1, \quad A^2 + \delta AB + B^2 = 0$$

とおけば，ブラケット多項式 $\langle U\rangle$ は（向きを忘れた）ライデマイスター移動 II で不変になる．したがって，以後は A を未知数として B, δ を上のようにおいて議論をすすめる．このとき，ブラケット多項式 $\langle U\rangle$ は負ベキを許した未知数

A の多項式（**ローラン多項式** (Laurent polynomial) という）になる．例えば，U が例 6.1.4 のホップの絡み目図式の場合には，

$$\langle U \rangle = -A^4 - A^{-4}$$

となる．つぎの命題で示すように，A のローラン多項式であるブラケット多項式 $\langle U \rangle$ は（向きを忘れた）ライデマイスター移動 III でも不変となることがわかる：

命題 6.1.6 等式

$$\langle \text{図} \rangle = \langle \text{図} \rangle$$

がなりたつ．ただし，この等式において，図式の描かれていない部分には同一の任意の図式があるものと考えている．

証明 （A のローラン多項式である）ブラケット多項式が（向きを忘れた）ライデマイスター移動 II で不変なことを使えば，

$$\langle \text{図} \rangle = A \langle \text{図} \rangle + B \langle \text{図} \rangle$$

$$= A \langle \text{図} \rangle + B \langle \text{図} \rangle = \langle \text{図} \rangle$$

となる．□

6.2. ジョーンズ多項式が存在すること

6.1 節で構成したブラケット多項式を利用して，ジョーンズ多項式の存在と位相不変性を証明する．第 3 講で定義した絡み目図式 D の交差符号和 $w(D)$ とねじれ数 $t(D)$ を思い出そう．ねじれ数 $t(D)$ は図式 D の向きのつき方によらず，D の向きを忘れた図式 U のみで定まるので，$t(D)$ の代わりに，$t(U)$ とも表される．D の全絡み数 $\mathrm{Link}(D)$ に対して，

$$w(D) = t(D) + 2\,\mathrm{Link}(D)$$

がなりたつ．図式の描かれていない部分には同一の任意の図式があるものと考えるとき，つぎの等式は図式の向きの付き方によらずになりたつ．

$$w(\gamma) = w(|) + 1, \quad t(\gamma) = t(|) + 1,$$

$$w(\gamma) = w(|) - 1, \quad t(\gamma) = t(|) - 1.$$

このとき，つぎの定理がなりたつ：

定理 6.2.1　絡み目 L の図式 D とその向きを忘れた図式 $U = U(D)$ に対し，A 上のローラン多項式

$$J(U; A) = (-A)^{-3t(U)} \langle U \rangle$$

は絡み目 L の向きによらない不変量であり，その結果 A 上のローラン多項式

$$V(D; A) = A^{-6 \operatorname{Link}(D)} J(U; A) = (-A)^{-3w(D)} \langle U \rangle$$

は（向きを考慮した）絡み目 L の不変量である．

この定理により，$J(U; A), V(D; A)$ をそれぞれ $J(L; A), V(L; A)$ で表す．習慣上，$t^{1/2} = A^{-2}$ のような変数変換を行って，$V(L; A)$ から得られる（変数 $t^{1/2}$ 上の）ローラン多項式 $V_L(t)$ を絡み目 L の**ジョーンズ多項式** (Jones polynomial) と呼んでいるが，ここでは $V(L; A)$ を L のジョーンズ多項式と呼ぶことにする．

証明　ブラケット多項式 $\langle U \rangle$ は（向きを忘れた）ライデマイスター移動 II と III で不変であること（命題 6.1.5 (2), 6.1.6），およびねじれ数 $t(U)$ の定義から，$J(U; A)$ が（向きを忘れた）ライデマイスター移動 II と III で不変であることは直ちにわかる．ライデマイスター移動 I で不変であることを示そう．

$$J(\gamma; A) = (-A^{-3})^{t(|)+1} (A \langle \circ \rangle + B \langle \asymp \rangle)$$

$$= (A\delta + A^{-1})(-A^{-3})(-A^{-3})^{t(|)} \langle | \rangle$$

$$= (-A^{-3})^{t(\langle\;\rangle)} \langle\;\rangle = J(\;;A).$$

$$J(\;;A) = (-A^{-3})^{t(\langle\;\rangle)-1}(A\langle\;\rangle + B\langle\;\rangle)$$

$$= (A + A^{-1}\delta)(-A^3)(-A^{-3})^{t(\langle\;\rangle)}\langle\;\rangle$$

$$= (-A^{-3})^{t(\langle\;\rangle)}\langle\;\rangle = J(\;;A).$$

したがって，$J(U;A)$ はライデマイスター移動 I でも不変であることが示された．こうして，$J(U;A)$ は絡み目 L の向きによらない不変量である．全絡み数 $\mathrm{Link}(D)$ は（向きを考慮した）絡み目 L の不変量であるので，$V(D;A)$ は（向きを考慮した）絡み目 L の不変量である．□

系 6.2.2（逆転公式）　絡み目 L のすべての成分の向きを逆転して L から得られた絡み目を $-L$ とするとき，

$$V(-L;A) = V(L;A)$$

がなりたつ．また，L の 1 つの成分 K の向きを逆転して L から得られる絡み目を L' とするとき，

$$V(L';A) = A^{12\lambda}V(L;A)$$

がなりたつ．ただし，$\lambda = \mathrm{Link}(K, L\setminus K)$ とする．

証明　前半は $\mathrm{Link}(-L) = \mathrm{Link}(L)$ となるので，定理 6.2.1 から直接得られる．L, L' の図式をそれぞれ D, D' とするとき，

$$A^{6\,\mathrm{Link}(D)}V(L;A) = J(L;A) = J(L';A) = A^{6\,\mathrm{Link}(D')}V(L';A)$$

であるから，

$$V(L';A) = A^{6(\mathrm{Link}(D)-\mathrm{Link}(D'))}V(L;A) = A^{12\lambda}V(L;A)$$

がなりたつ． □

系 6.2.3（ミラー公式）　絡み目 L の鏡像を $\bar{L}$ で表すとき，

$$J(\bar{L}; A) = J(L; A^{-1}), \quad V(\bar{L}; A) = V(L; A^{-1})$$

がなりたつ．

証明　L の図式を D と表すき，D のすべての交差の上下を逆にした図式 $\bar{D}$ は $\bar{L}$ の図式である．$t(\bar{D}) = -t(D)$, $\mathrm{Link}(\bar{D}) = -\mathrm{Link}(D)$ となり，また定義から $\langle \bar{D} \rangle$ は $\langle D \rangle$ において A を B で置き換えたものに他ならないので，求める公式が得られる． □

6.3. ジョーンズ多項式の定義式とその計算

絡み目図式 D において，交差点 p に注目して考えるとき，p の符号が $+1$ あるいは -1 であるかに従って，D を D_+ あるいは D_- で表す．そのとき，図式 $D_\pm$ は交差交換により図式 $D_\mp$ に変わることに注意しよう．また，p でのスプライスにより D から得られる図式を D_0 で表す．絡み目図式の 3 対 (D_+, D_-, D_0) を**スケイントリプル** (skein triple) という（図 6.3 参照）．交差点 p を強調するときには，(D_+^p, D_-^p, D_0^p) のように表す．絡み目 L のジョーンズ多項式 $V(L; A)$ は，L の任意の図式 D に対し $V(D; A) = V(L; A)$ とおくとき，つぎの定理で特徴づけられる．

定理 6.3.1　絡み目図式 D のジョーンズ多項式 $V(D; A)$ は，つぎの (0)–(2) の性質をみたし，かつそれらだけを用いて計算できる．

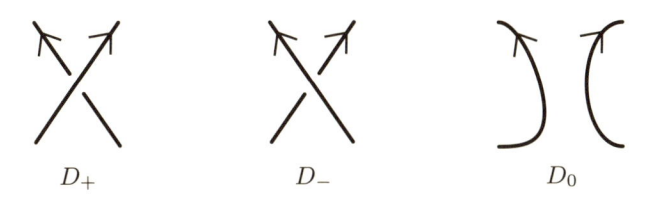

D_+　　　　D_-　　　　D_0

図 6.3　スケイントリプル

(0) $V(D;A)$ は D のライデマイスター移動 I, II, III のもとで不変である.
(1) D が自明結び目図式ならば, $V(D;A) = 1$.
(2) 絡み目図式のスケイントリプル (D_+, D_-, D_0) に対し,
$$A^4 V(D_+;A) - A^{-4} V(D_-;A) = (A^{-2} - A^2) V(D_0;A).$$

この証明を行うに当たって, まず r 成分自明絡み目 O^r のローラン多項式 $V(O^r;A)$ は (0), (1), (2) から計算されることを示そう.

補題 6.3.2 r 成分自明絡み目 O^r について, (0), (1), (2) から
$$V(O^r;A) = (-A^2 - A^{-2})^{r-1}$$
と計算される.

証明 O^{r-1} の図式 D を $c(D) = 1$ でその交差点の符号を $+$ となるようにとる. そのとき, D_- も O^{r-1} の図式で, D_0 は O^r の図式となる. (0), (2) より
$$(A^4 - A^{-4}) V(O^{r-1};A) = (A^{-2} - A^2) V(O^r;A)$$
となり, $V(O^r;A) = -(A^2 + A^{-2}) V(O^{r-1};A)$ を得る. r に関する数学的帰納法と (1) を使えば, 求める結果が得られる. □

定理 6.3.1 の証明 (0), (1) はすでに示しているので, (2) を示そう. ブラケット多項式の定義より,
$$A\langle \times \rangle - A^{-1} \langle \times \rangle = (A^2 - A^{-2}) \langle \rangle (\rangle$$
がなりたつ. ここで, $w(\times) = w(\rangle() + 1$, $w(\times) = w(\rangle() - 1$ に注意すれば,
$$A^4 V(\times;A) - A^{-4} V(\times;A)$$
$$= A^4 (-A^3)^{-w(\rangle()-1} \langle \times \rangle - A^{-4} (-A^3)^{-w(\rangle()+1} \langle \times \rangle$$

6.3. ジョーンズ多項式の定義式とその計算　85

$$= (-A^3)^{-w(\underset{\smile}{\frown})}(A^{-1}\langle \asymp \rangle - A\langle)(\rangle)$$

$$= (-A^3)^{-w(\underset{\smile}{\frown})}(A^{-2} - A^2)\langle \underset{\smile}{\frown} \rangle = (A^{-2} - A^2)V(\underset{\smile}{\frown}; A)$$

となり，(2) が示された．つぎに，図式 D の複雑度 $cd(D)$ に関する数学的帰納法を用いて，$V(D;A)$ が (0), (1), (2) から計算できることを示そう．実際，$cd(D) = (0,0)$ ならば，D は自明絡み目であるから D の成分数を r とすると，補題 6.3.2 より

$$V(D;A) = (-A^2 - A^{-2})^{r-1}$$

と計算される．よって，$cd(D) = (0,0)$ ならば，$V(D;A)$ は計算される．$cd(D') < (k,m)$ となるような図式 D' について $V(D';A)$ が計算されたと仮定して，$cd(D) = (k,m)$ となる図式 D について $V(D;A)$ が計算されることを示そう．上の注意から，$m > 0$ の場合を示せばよい．$d_{\boldsymbol{a}}(D) = m$ となる基点列 $\boldsymbol{a} = (a_1, a_2, \ldots, a_r)$ を選び，そのときのひずみ交差点の 1 つを p とする．その符号 $\varepsilon(p)$ とある負でない整数 m_0 に対し，

$$cd(D^p_{-\varepsilon(p)}) \leqq (k, m-1) < (k, m),$$
$$cd(D^p_0) \leqq (k-1, m_0) < (k, m)$$

となるので，仮定により $V(D^p_{-\varepsilon(p)}; A)$, $V(D^p_0; A)$ はともに計算されている．よって，(2) より $V(D;A)$ も求まる． □

2 つの絡み目 L と L' の連結和 $L\#L'$ に関して，それが結び目のときにはその連結和の結び目型はつなぎ方によらずに定まる（第 3 講参照）が，一般の絡み目の場合にはつなぐ場所に依存する．例えば，図 6.4 の L と L' の 2 種類の連結和 $L\#L'$ は同型となるような成分を含んでいないので同型な絡み目ではない．一方，つぎの系からそれらのジョーンズ多項式は一致することがわかり，ジョーンズ多項式は絡み目を完全には分類しないことがわかる．

系 6.3.3　$V(L\#L'; A) = V(L; A) \cdot V(L'; A).$

証明　L, L' の図式 D, D' に対する直和公式（命題 6.1.5）により，

$$\langle D + D' \rangle = \delta \langle D \rangle \cdot \langle D' \rangle$$

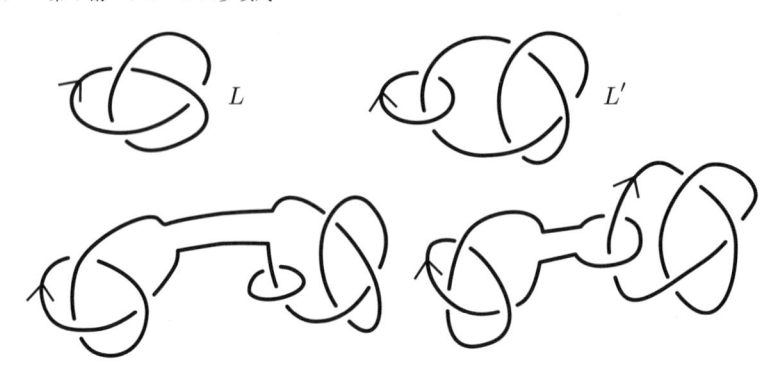

図 6.4

図 6.5

となる．また，
$$t(D+D') = t(D) + t(D'), \quad \mathrm{Link}(D+D') = \mathrm{Link}(D) + \mathrm{Link}(D')$$
より，
$$J(L+L'; A) = (-A^2 - A^{-2})J(L; A) \cdot J(L'; A),$$
$$V(L+L'; A) = (-A^2 - A^{-2})V(L; A) \cdot V(L'; A)$$

を得る．一方，L, L' を図 6.5 のように表したとき，等式

$$A^4 V(\boxed{T}\hspace{-2pt}\bowtie\hspace{-2pt}\boxed{T'}; A) - A^{-4} V(\boxed{T}\hspace{-2pt}\bowtie\hspace{-2pt}\boxed{T'}; A) = (A^{-2} - A^2) V(\boxed{T}\,\boxed{T'}; A)$$

がなりたつ．左辺の 2 つの図式は同じ連結和 $L\#L'$ を表すから

$$(A^4 - A^{-4})V(L\#L'; A) = (A^{-2} - A^2)V(K+K'; A)$$
$$= (A^{-2} - A^2)(-A^2 - A^{-2})V(L; A) \cdot V(L'; A).$$

がなりたつ．この等式の両辺を $A^4 - A^{-4}$ で割ると求める等式が得られる．□

本書では，未知数 x 上のローラン多項式 $f(x)$ の最大次数，最小次数をそれぞれ**上次数** (upper degree)，**下次数** (lower degree) といい，$\overline{\deg} f(x)$, $\underline{\deg} f(x)$ で表し，差

$$\deg f(x) = \overline{\deg} f(x) - \underline{\deg} f(x)$$

を $f(x)$ の**次数** (degree) と呼ぶことにする．$f(x)$ がゼロの場合には，（ゼロでない定数の場合同様）$\overline{\deg} f(x) = \underline{\deg} f(x) = \deg f(x) = 0$ とおくことにする．

例 6.3.4 (1) ホップの絡み目 H^+, H^-（図 6.6）について，

$$J(H^{\pm}; A) = -(A^4 + A^{-4}),$$
$$V(H^+; A) = -A^{-6}(A^4 + A^{-4}),$$
$$V(H^-; A) = -A^6(A^4 + A^{-4})$$

となる．

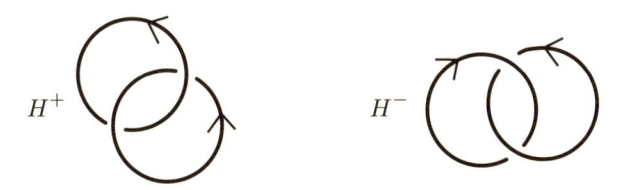

図 6.6 ホップの絡み目

(2) ツイスト結び目 K_n については，$x = A^{-4}$ とおくと，

$$J(K_n; A) = V(K_n; A)$$
$$= \begin{cases} x^n + \dfrac{1-x^n}{1-x^2}(x^{-1}-1)(x+x^{-1}) & (n : 偶数) \\ x^{n+1} + \dfrac{1-x^{n+1}}{1-x^2}(1-x)x^2(x+x^{-1}) & (n : 奇数) \end{cases}$$

となる．実際，n が偶数で正のとき，n 交点が連なる個所にジョーンズ多項式の定義式を適用して，

$$A^4 V(K_n; A) = A^{-4} V(K_{n-2}; A) + (A^{-2} - A^2) V(H^-; A)$$

がなりたつ．$V(H^-; A)$ は (1) よりわかるから，数学的帰納法によりこの場合は得られる．n が偶数で負のときは，

$$A^{-4}V(K_n; A) = A^4 V(K_{n+2}; A) - (A^{-2} - A^2)V(H^-; A)$$

となることに注意すれば，上記の等式を得る．n が奇数のときには，$\bar{K}_n = K_{-n-1}$ であるから，ミラー公式 6.2.3 と n が偶数のときの計算から，上のように計算される．$f_n(x) = V(K_n; A)$ とおくとき，$f_n(-1)$ は $1 + 2n$ (n：偶数), $-1 - 2n$ (n：奇数) となるので，$n + n' \neq -1$ のときには，$K_n \neq K_{n'}$ である．$n+n' = -1$ のとき，もし $V(K_n; A) = V(K_{n'}; A)$ ならば，$V(K_n; A) = V(K_{-n-1}; A) = V(\bar{K}_n; A)$ となり，$f_n(x) = f_n(x^{-1})$ でなければならない．n が 1 以上の奇数のとき，$f_n(x), f_n(x^{-1})$ の上次数はそれぞれ $n+2, 1$ となり，$f_n(x) \neq f_n(x^{-1})$ となる．n が正の偶数あるいは奇数のとき，それぞれ $\overline{\deg} f_n(x) = n, n+3$, $\underline{\deg} f(x) = 2, 1$ となり，$n \neq 2$ ならば $f_n(x) \neq f_n(x^{-1})$．こうして，$K_0 = K_{-1}, \bar{K}_2 = K_2 = \bar{K}_{-3} = K_{-3}$ の場合を除いたすべての n で K_n が相異なることは，2 橋結び目の分類として知られている (4.2 節参照) が，ジョーンズ多項式を用いても示すことができる．

さて，交代絡み目のジョーンズ多項式に関する結果を紹介しよう．これはジョーンズ多項式の応用として最も成功しているものの 1 つである．

定義 6.3.5 絡み目の**交代図式** (alternating diagram) D とは，どの成分をたどっていっても，上交差点と下交差点が交互に現れるような絡み目図式のことである．また，**交代絡み目** (alternating link) L とは，交代図式 D をもつような絡み目のことである．

例えば，図 6.7 の 3 つの図式は三葉結び目とその鏡像の連結和で，**こま結び** (square knot) と呼ばれる結び目の図式であるが，a は交代図式ではないが，b, c は交代図式である．

定義 6.3.6 **既約図式** (reduced diagram) とは，どの交差点での A-スプライスも B-スプライスも連結な図式となるような図式のことである．

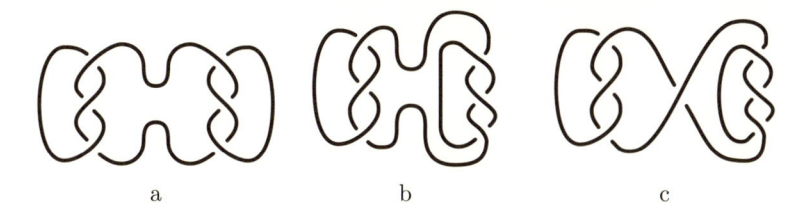

6.3. ジョーンズ多項式の定義式とその計算　89

　　　　a　　　　　　　　b　　　　　　　　c

図 6.7

既約図式でない図式は**可約図式** (reducible diagram) と呼ぶ．例えば，図 6.7 において，b は既約交代図式で，c は可約交代図式である．つぎの定理を**村杉の定理** (Murasugi's theorem) という．

定理 6.3.7 連結な絡み目図式 D に対し，$\deg V(D; A) \leqq 4c(D)$ がなりたつ．特に，D が連結な既約交代図式のときには，等号がなりたつ．

証明 D の向きを忘れた図式 U のブラケット多項式 $\langle U \rangle$ を A のローラン多項式とみなすとき，$\deg V(D; A) = \deg \langle U \rangle$ となることに注意しよう．U のステイト s, s' について，s' は s の A-スプライスの場所を B-スプライスに置き換えられたものとするとき，

$$\langle U/s' \rangle = \langle U/s \rangle A^{-2}, \quad |s'| \leqq |s| + 1, \quad |s| \leqq |s'| + 1$$

となるから，

$$\overline{\deg} \langle U/s' \rangle \delta^{|s'|-1} \leqq \overline{\deg} \langle U/s \rangle \delta^{|s|-1}, \quad \underline{\deg} \langle U/s' \rangle \delta^{|s'|-1} \leqq \underline{\deg} \langle U/s \rangle \delta^{|s|-1}$$

がなりたつ．したがって，s_A, s_B により，それぞれ U のすべての交差点を A-スプライス，B-スプライスを行うことにより得られたステイトを表すとき，

$$\overline{\deg} \langle U \rangle \leqq \overline{\deg} \langle U/s_A \rangle \delta^{|s_A|-1} = c(D) + 2(|s_A| - 1)$$
$$\underline{\deg} \langle U \rangle \geqq \underline{\deg} \langle U/s_B \rangle \delta^{|s_B|-1} = -c(D) - 2(|s_B| - 1)$$

がなりたつ．その結果，

$$\deg \langle U \rangle \leqq 2c(D) + 2(|s_A| + |s_B| - 2)$$

となる．D が連結図式のとき，$|s_A| + |s_B| \leq c(D) + 2$ となることを $c(D)$ の数学的帰納法により示そう．$c(D) = 0, 1$ のとき明らかになりたつ．$c(D) \geq 2$ とする．任意の交差点での A-スプライス U_0，B-スプライス U_∞ のどちらかは連結図式である．U_0 が連結のときには，仮定により，

$$|s_A(U_0)| + |s_B(U_0)| \leq c(U_0) + 2 = c(D) + 1$$

となるが，$s_A(U_0) = s_A(U) = s_A$，$|s_B| = |s_B(U)| \leq |s_B(U_0)| + 1$ であるから，$|s_A| + |s_B| \leq c(D) + 2$ を得る．U_∞ が連結のときには，U_0 と U_∞，s_A と s_B を交換して同じ考察を行えば求める不等式が得られる．こうして，

$$\deg \langle U \rangle \leq 2c(D) + 2(c(D) + 2 - 2) = 4c(D)$$

が示された．D が連結な交代図式ならば，U の白黒彩色において A-スプライスで融合する領域はすべて同じ色（例えば黒色）になる．そのとき，$|s_A|$ は白領域の個数に等しく，また $|s_B|$ は黒領域の個数に等しい．いま，D が連結な既約交代図式ならば，s_A, s_B の A-スプライス，B-スプライスをそれぞれ B-スプライス，A-スプライスに変更すれば，必ず $|s_A|, |s_B|$ より少ないループの数のステイトが生じるので，等式

$$\overline{\deg}\langle U \rangle = \overline{\deg}\langle U/s_A \rangle \delta^{|s_A|-1} = c(D) + 2(|s_A| - 1)$$
$$\underline{\deg}\langle U \rangle = \underline{\deg}\langle U/s_B \rangle \delta^{|s_B|-1} = -c(D) - 2(|s_B| - 1)$$

がなりたつ．このときには，$|s_A| + |s_B| = c(D) + 2$ であるので，求める等式が得られる．□

例えば，こま結び K のジョーンズ多項式は系 6.3.3 と例 6.3.4 の (2) から

$$V(K; A) = -A^{12} + A^8 - A^4 + 3 - A^{-4} + A^{-8} - A^{-12}$$

と計算される．よって，$\deg V(K; A) = 4 \cdot 6$ となり，定理 6.3.7 と図 6.7 から，K は 6 個の最小交差数をもつことがわかる．自明でないような結び目 K に対しては，必ず $V(K; A) \neq 1$ となるのではないかと予想されている．

6.4. 第6講の補充・発展問題

問 6.4.1 素な交代絡み目は既約交代図式をもつことを示せ．

問 6.4.2 既約交代図式をもつ 2 つの絡み目 L, L' の任意の連結和 $L\#L'$ は，連結和に使用する L' の成分の向きを変えることを許すならば，必ず既約交代図式をもつことを示せ．

問 6.4.3 r 成分絡み目 L に対し，$A^{2r-2}V(L;A)$ は A^4 のローラン多項式になることを示せ．

問 6.4.4 r 成分絡み目 L に対し，$A^4 = 1$ とおくと，$V(L;A) = (-2A^2)^{r-1}$ となることを示せ．

問 6.4.5 自明でない 2 橋絡み目は，$a_1, a_2, \ldots, a_n$ のすべてが正整数となるような連結既約交代図式 $C(a_1, a_2, \ldots, a_n)$ をもつことを示せ．

第7講

ザイフェルト行列Ⅰ：構成と位相不変性

この講では，絡み目の図式から求めることのできる行列（ザイフェルト行列）の構成法とその S 同値類の位相不変性について述べる．7.1 節では，ザイフェルト行列の構成法を説明する．7.2 節でザイフェルト曲面のハンドル同値類の位相不変性を示し，それを用いて，7.3 節でザイフェルト行列の S 同値類を定義し，その位相不変性を証明する．

7.1. ザイフェルト行列の構成

3次元空間 $\mathbf{R}^3$ 内の絡み目 L の（連結）ザイフェルト曲面 F を考える．絡み目 L の成分数を r としたとき，連結なザイフェルト曲面 F の整係数ホモロジー $H_1(F)$ は $\mathbf{Z}^n$ に同型になる．ここで，$n = 2g+r-1$ で，g は曲面 F の種数を表す．曲面 F は図 7.1 のように 2-セルに n 個のバンドをつけてできるのだから，単純ループの列 k_i $(i = 1, 2, 3, \ldots, n)$ で代表されるような $H_1(F)$ の基底

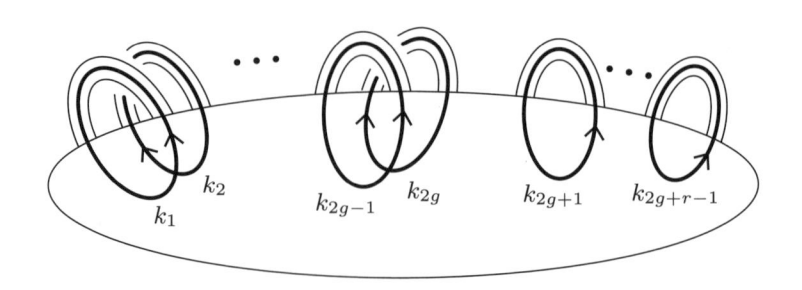

図 7.1

が存在する．しかしながら，任意の基底について，単純とは限らないループの列 ℓ_i $(i=1,2,3,\ldots,n)$ では代表できるが，一般的には単純ループの列で代表できるとは限らない（問 7.4.1）．曲面 F は境界である絡み目 L の向きに同調する向きがついているので，その向きに関して F から右ねじが進む方向に ℓ_i を浮かせたものを ℓ_i^+，左ねじが進む方向に ℓ_i を浮かせたものを ℓ_i^- で表し，絡み数

$$v_{ij} = \mathrm{Link}(\ell_i^+, \ell_j) = \mathrm{Link}(\ell_i, \ell_j^-) = \mathrm{Link}(\ell_i^+, \ell_j^-)$$

を考える．$\ell_i = k_i$ $(i=1,2,3,\ldots,n)$ のときには，計算は簡単になる．v_{ii} は，k_i とそれに向きを込めて平行なものを k_i' とするとき，$v_{ii} = \mathrm{Link}(k_i', k_i)$ となるので，図 7.2 に注意すれば容易に計算できる．$v_{ij}(i \neq j)$ の計算のためには，k_i と k_j の交わりは横断的と考えてよいから，図 7.2 に注意して，向きを込めた $k_i \cup k_j$ の図式を描く．つぎに，k_i と k_j の各交点の周りでのザイフェルト曲面の向きに注意して，k_i を右ねじが進む方向に浮かせたものを k_i'' とするとき，$v_{ij} = \mathrm{Link}(k_i'', k_j)$ となることから，計算できる．

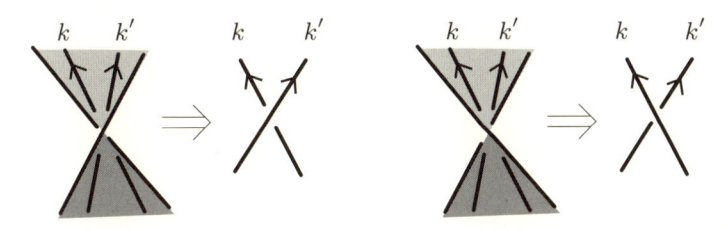

図 7.2

定義 7.1.1 絡み目 L の**ザイフェルト行列** (Seifert matrix) とは，n 次正方整数行列 $V = (v_{ij})$ のことである．

ザイフェルト行列は連結なザイフェルト曲面の選択および基底の選択というあいまいさをもっているので，厳密な意味で絡み目から一意的に構成されるとはいえない．基底変換によるザイフェルト行列の変化を述べておこう．

補題 7.1.2 $H_1(F)$ の別の基底を代表するループの列 ℓ_i' $(i=1,2,\ldots,n)$ に関するザイフェルト行列を V' とするとき，$V' = P^T V P$ となるようなユニモジュラー行列 P が存在する．

この補題において，行列 V' は V から**基底変換** (base change) により得られた行列であるという．

証明 F 内の任意のループ ℓ_i $(i=1,2)$ に絡み数 $\mathrm{Link}(\ell_1^+, \ell_2)$ を対応させることは，絡み数の性質により，双 1 次形式

$$\phi : H_1(F) \times H_1(F) \longrightarrow \mathbf{Z}$$

を導く．そこで，基底変換

$$([\ell_1'], [\ell_2'], \ldots, [\ell_n']) = ([\ell_1], [\ell_2], \ldots, [\ell_n])P$$

のユニモジュラー行列 P を考えると，

$$\begin{aligned}
V' &= \phi(([\ell_1'], [\ell_2'], \ldots, [\ell_n'])^T, ([\ell_1'], [\ell_2'], \ldots, [\ell_n'])) \\
&= \phi(P^T([\ell_1], [\ell_2], \ldots, [\ell_n])^T, ([\ell_1], [\ell_2], \ldots, [\ell_n])P) \\
&= P^T \phi(([\ell_1], [\ell_2], \ldots, [\ell_n])^T, ([\ell_1], [\ell_2], \ldots, [\ell_n]))P = P^T V P
\end{aligned}$$

となる．□

さて，ザイフェルト行列を実際に求めてみよう．

例 7.1.3 正ホップの絡み目 $H(+)$ の図 7.3 のザイフェルト曲面からザイフェルト行列 (-1) を得る．

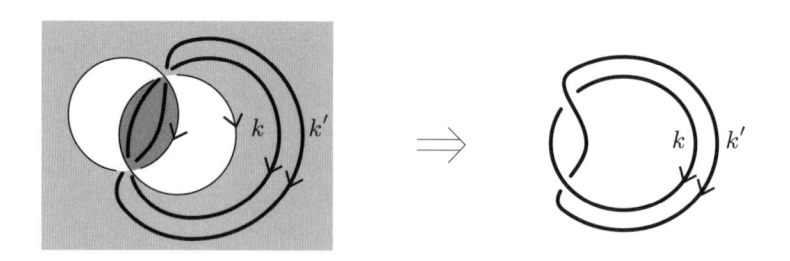

図 7.3

例 **7.1.4** 正三葉結び目 $K(+)$ の図 7.4 のザイフェルト曲面からつぎのザイフェルト行列を得る：

$$\begin{pmatrix} -1 & 0 \\ 1 & -1 \end{pmatrix}$$

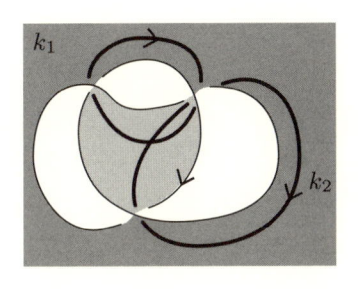

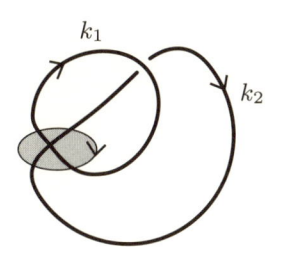

図 **7.4**

例 **7.1.5** 8 の字結び目 K の図 7.5 のザイフェルト曲面からつぎのザイフェルト行列を得る：

$$\begin{pmatrix} -1 & 0 \\ 1 & 1 \end{pmatrix}$$

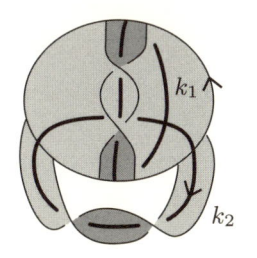

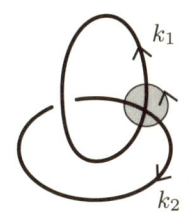

図 **7.5**

命題 **7.1.6** n 次正方整数行列 V がある r 成分絡み目のザイフェルト行列であるための必要十分条件は，$g = (n-r+1)/2$ は負でない整数であり，$P^T(V-V^T)P$

が $\begin{pmatrix} 0 & -1 \\ 1 & 0 \end{pmatrix}$ の g 個のコピーと $(r-1)$ 次正方ゼロ行列 O とのブロック和となるようなユニモジュラー行列 P が存在することである.

証明 V が種数 g の連結ザイフェルト曲面 F のザイフェルト行列とする. 図 7.1 のように, 単純ループ k_i $(i=1,2,\ldots,n)$ で代表された $H_1(F)$ の基底を考える. そのとき,

$$\mathrm{Link}(k_i^+,k_j) - \mathrm{Link}(k_j^+,k_i) = \mathrm{Link}(k_i^+,k_j) - \mathrm{Link}(k_i^-,k_j) = \mathrm{Int}(k_i,k_j)$$

であるから, この基底のザイフェルト行列を W で表せば, $W - W^T$ は $\begin{pmatrix} 0 & -1 \\ 1 & 0 \end{pmatrix}$ の g 個のコピーと $(r-1)$ 次正方ゼロ行列 O とのブロック和となる. W は V の基底変換で得られるから, $P^T V P = W$ となるようなユニモジュラー行列 P が存在する. よって, 必要性が示された.

十分性を示すために $W = P^T V P = (w_{ij})$ とおく. 図 7.1 の曲面 F の単純ループ k_i $(i=1,2,\ldots,n)$ に関するバンド b_i $(i=1,2,\ldots,n)$ の構成を, そのザイフェルト行列が W と一致するように $\boldsymbol{R}^3$ の中で指定すればよい. まず, k_1 に関するバンドは $\mathrm{Link}(k_1^+,k_1) = w_{11}$ となるようにねじってはりつける (k_1 は自明結び目でよい). つぎに, k_2 に関するバンドは $\mathrm{Link}(k_1^+,k_2) = w_{12}$, $\mathrm{Link}(k_2^+,k_2) = w_{22}$ となるようにはりつける. 以下同様に続けて, 最後に k_n に関するバンドは $\mathrm{Link}(k_1^+,k_n) = w_{1n}$, $\mathrm{Link}(k_2^+,k_n) = w_{2n}$, $\ldots$, $\mathrm{Link}(k_n^+,k_n) = w_{nn}$ となるようにはりつけて, ザイフェルト曲面 F を構成する. $W - W^T = (\mathrm{Int}(k_i,k_j))$ が $\begin{pmatrix} 0 & -1 \\ 1 & 0 \end{pmatrix}$ の g 個のコピーと $(r-1)$ 次正方ゼロ行列 O とのブロック和となるから, $i > j$ のとき

$$\begin{aligned}\mathrm{Link}(k_i^+,k_j) &= \mathrm{Link}(k_j^+,k_i) + \mathrm{Int}(k_i,k_j) \\ &= w_{ji} + \mathrm{Int}(k_i,k_j) = w_{ij}\end{aligned}$$

となり, W は k_i $(i=1,2,\ldots,n)$ に関する基底による F のザイフェルト行列になる. P^{-1} による基底変換を行って, V が F のザイフェルト行列であることがわかる. □

7.2. ザイフェルト曲面のハンドル同値類の位相不変性

絡み目 L の（連結とは限らない）ザイフェルト曲面 F と埋め込み写像 $h: B^2 \times [0,1] \to \mathbf{R}^3$ で,

$$F \cap h(B^2 \times [0,1]) = h(B^2 \times \{0,1\}) \subset F \backslash L$$

となるようなものに対し, 3 対

$$(h; h_0, h_1) = (h(B^2 \times [0,1]), h(B^2 \times 0), h(B^2 \times 1))$$

を F に関する 1-**ハンドル** (1-handle) という. $\dot{h} = h((\partial B^2) \times [0,1])$ とおくとき, "手術曲面"

$$F_1 = \mathrm{cl}(F \backslash (h_0 \cup h_1)) \cup \dot{h}$$

もまた同じ絡み目 L のザイフェルト曲面である. この操作では, F が連結のとき, F_1 の種数は F より $+1$ 増加していることに注意しよう. F_1 は 1-**ハンドル** (1-handle) $(h; h_0, h_1)$ による F の**ハンドル拡大** (handle enlargement), また F は 2-**ハンドル** (2-handle) $(h, \dot{h})$ による F_1 の**ハンドル縮小** (handle reduction) であるという（図 7.6 参照）. 特に, F を内部に含むような $\mathbf{R}^3$ 内の球面 S^2 と F の和集合である曲面 $F + S^2$ に関する 1-ハンドル $(h; h_0, h_1)$（ただし $h_0 \subset F$, $h_1 \subset S^2$）を考えるとき, その 1-ハンドルによるハンドル拡大を F の ∞-**近傍移動** (∞-neighborhood move) という（図 7.7 参照）.

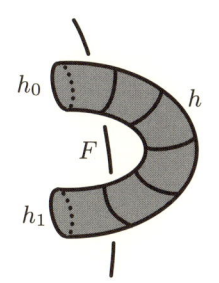

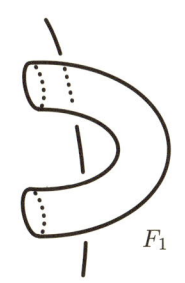

図 7.6 ハンドル拡大

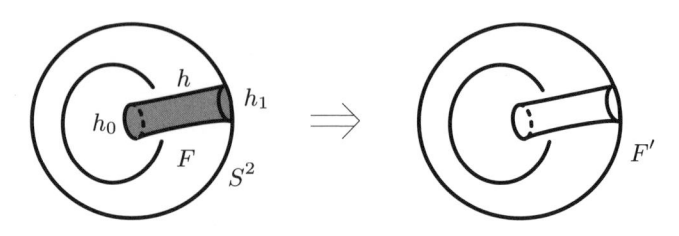

図 7.7 ∞-近傍移動

定義 7.2.1 R^3 内の絡み目 L の連結ザイフェルト曲面 F と F' が**ハンドル同値** (handle-equivalent) であるとは，連結ザイフェルト曲面の有限列 F_i ($i = 0, 1, \ldots, m$) で，$F_0 = F, F_m = F'$, かつ各 $i\ (\geqq 1)$ について F_i は F_{i-1} の同位変形，ハンドル拡大・縮小，∞-近傍移動のいずれかで得られるようなものが存在することである．

ザイフェルト曲面間のハンドル同値という関係が，同値関係であることは容易に確かめられる．つぎの命題は，ザイフェルト行列に関する絡み目の不変量を考える上で基本的である．

命題 7.2.2 R^3 内の絡み目 L の連結ザイフェルト曲面 F のハンドル同値類はただ1つである．

証明 F 以外に L の連結ザイフェルト曲面 F' がある場合，同位変形，ハンドル拡大，ハンドル縮小の有限回の変形で，F' から F へ変形できることを示そう．まず，F' は F と内部で横断的に交わるように，あらかじめ F' を同位変形で変形しておく（系 3.3.4 参照）．L の成分を K_i ($i = 1, 2, \ldots, r$) とし，F の種数を g とする．両端が L 上にあるような互いに交わらない F 上の $2g + r - 1$ 個のバンド B_i ($i = 1, 2, \ldots, 2g + r - 1$) をつぎのようにとる：

(1) $1 \leqq i \leqq 2g$ のとき，B_i の両端は K_1 に属し，$2g + 1 \leqq i \leqq 2g + r - 1$ のとき，B_i の両端は K_1 と K_{i-2g+1} に属する．

(2) $D = \mathrm{cl}(F \setminus \cup_{i=1}^{2g+r-1} B_i)$ は円板である．

バンド B_i の中心線 b_i は，F' と横断的に交わるとしてよい．$1 \leqq i \leqq 2g$ のとき，$\partial b_i \subset K_1$ で K_1 を切断してできる2つの弧の1つを b'_i とする．ルー

7.2. ザイフェルト曲面のハンドル同値類の位相不変性　　99

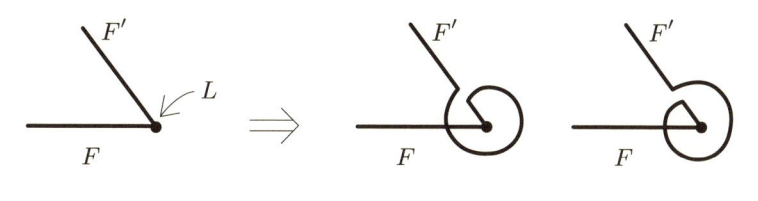

図 7.8

プ $\ell_i = b_i \cup b_i' \subset F$ を浮かせたループ ℓ_i^+ を考えるとき，$F \cap \ell_i^+ = \emptyset$ であるから，系 3.3.2 より ℓ_i^+ は，F' と同数の正交叉点と負交叉点で交わっていることがわかる．$2g+1 \leqq i \leqq 2g+r-1$ のときには，図 7.8 に示した同位変形を行うことにより，b_i は同数の正交叉点と負交叉点で交わるようにできる．b_i ($i = 1, 2, \ldots, 2g+r-1$) に沿ったハンドル拡大操作を F' に施せば，その結果生じた F' は F とは 2-セル $B^2 \subset F$ においてのみ交わる．この交わりはいくつかのループからなるが，その中には内部にループを含まないようなループが存在する．それを境界とするような B^2 内の円板 B_0^2 の F' に沿って厚みをつけたもの，すなわち埋め込み $c : B_0^2 \times [-1, 1] \to \mathbf{R}^3$ で，

$$c(x, 0) = x (x \in B_0^2), \quad c(B_0^2 \times [-1, 1]) \cap F = B_0^2,$$
$$c(B_0^2 \times [-1, 1]) \cap F' = c(\partial(B_0^2) \times [-1, 1])$$

となるようものをとる．曲面

$$F'' = \mathrm{cl}(F' \backslash c(\partial(B_0^2) \times [-1, 1])) \cup c(B_0^2 \times \{-1, 1\})$$

は F' のハンドル縮小であるが，一般的には連結とは限らず 2 つの連結成分からなる場合がある．特に，F'' には連結閉曲面 F_0 を含むことがある．そのような場合には，それを境界とする $\mathbf{R}^3$ 内の 3 次元コンパクト多様体 M を考える．$F'' \backslash F_0 \subset M$ ならば，あらかじめ F' に ∞-近傍移動を 1 回施すことにより，$(F'' \backslash F_0) \cap M = \emptyset$ と仮定できる．つぎの補題を仮定して話を進める．

補題 7.2.3 $\mathbf{R}^3$ 内の 3 次元コンパクト連結多様体 M と $\partial M = F_1 \cup F_2$, $F_1 \cap F_2 = \partial F_1 = \partial F_2$ となるような連結コンパクト曲面 F_1, F_2 が与えられたとき，F_1 にハンドル拡大・縮小と同位変形を行えば，F_2 を得ることができる．

この補題を使って，F' にハンドル拡大・縮小と同位変形を行うことにより，F'' は連結とは限らないザイフェルト曲面であると考えることができる．以上の操作を繰り返せば，F' から，境界以外では F とは交わらない（しかし連結とは限らない）ザイフェルト曲面 F^* を得る．F は連結なので，$F \cup (-F^*)$ は連結閉曲面であり，$\mathbb{R}^3$ 内の 3 次元コンパクト連結多様体 M^* の境界である．M^* における 1-ハンドルを使って，F^* のハンドル拡大を何回か行えば，F^* もまた連結にできる．補題 7.2.3 により，F^* にハンドル拡大・縮小と同位変形を行うことにより，F が得られる．これは F と F' に何回かのハンドル拡大を行えば，同位変形と ∞-近傍移動で移りあえる曲面が得られることを意味している．これで，補題 7.2.3 の証明を除いた命題 7.2.2 の証明が完了する． □

補題 7.2.3 の証明 $c((\partial M) \times [0,1]) \cap (\partial M) = c((\partial M) \times 0)$ となるように $\partial M = F_1 \cup F_2$ を厚くしたもの，すなわち埋め込み $c : (\partial M) \times [0,1] \to M$ で，$c(x,0) = x\,(x \in \partial M)$ となるようなものを考え，$M' = \mathrm{cl}(M \backslash c((\partial M) \times [0,1]))$ とおく．M' を $c(F_1 \times 1),\, c(F_2 \times 1)$ が部分複体となるように，単体分割し，M' の 1 次元連結複体の正則近傍（つまり，1 次元連結複体の各頂点の球状近傍に各 1-単体に沿って 1-ハンドル近傍を加えたハンドル体近傍）V を考える．そのとき，和集合 $V_{F_1} = c(F_1 \times [0,1]) \cup V$ は $c(F_1 \times [0,1])$ にいくつかの 1-ハンドルを付け加えてできたものとみなせる．また，$V' = \mathrm{cl}(M' \backslash V)$ も，双対 1 次元複体（M' 内の各 3 次元単体の重心と各 2 次元辺単体の重心を結んだ 1 次元複体をすべて集めたもの）の正則近傍であるようなハンドル体で，和集合 $V'_{F_2} = c(F_2 \times [0,1]) \cup V'$ もまた，$c(F_2 \times [0,1])$ にいくつかの 1-ハンドルを付け加えてできたものとみなせる．したがって，曲面 $\mathrm{cl}(\partial(V_{F_1}) \backslash F_1) = \mathrm{cl}(\partial(V'_{F_2}) \backslash F_2)$ は，それぞれ F_1 および F_2 から，ハンドル拡大と同位変形を行って得ることができる． □

7.3. ザイフェルト行列の S 同値類の位相不変性

正方整数行列 V と W でつぎの関係で結ばれているものを考えよう．

$$W = \begin{pmatrix} 0 & 0 & \mathbf{0} \\ 1 & x & \mathbf{u} \\ \mathbf{0}^T & \mathbf{v}^T & V \end{pmatrix}.$$

ここで，x は整数，$\mathbf{0}, \mathbf{u}, \mathbf{v}$ は横ベクトルで，$\mathbf{0}^T, \mathbf{v}^T$ はそれぞれ $\mathbf{0}, \mathbf{v}$ の転置縦ベクトルを表す．このとき，W は V の**行拡大** (row enlargement)，V は W の**行縮小** (row reduction) という．また，転置行列 W^T は V^T の**列拡大** (column enlargement)，V^T は W^T の**列縮小** (column reduction) という．

定義 7.3.1 正方整数行列 V と W が S **同値** (S-equivalence) であるとは，W が V から基底変換，行拡大，行縮小，列拡大，列縮小の有限回の操作により得られることである．

S 同値は正方整数行列の間の同値関係になる．上記の V と W の関係式において，W の基底変換により，$x, \mathbf{u}$ はそれぞれ任意の整数，任意の横ベクトルとしてとれることを注意しておく．つぎの定理がザイフェルト行列の基本定理である．

定理 7.3.2 R^3 内の絡み目 L のすべてのザイフェルト行列は互いに S 同値になる．

証明 連結ザイフェルト曲面 F に同位変形や ∞-近傍移動を行っても，そのザイフェルト行列は基底変換を無視すれば変わらない．F' が F のハンドル拡大とすれば，F のザイフェルト行列の列拡大または行拡大であるような F' のザイフェルト行列を得る．命題 7.2.2 から結論が得られる．□

7.4. 第 7 講の補充・発展問題

問 7.4.1 図 7.9 に示された 2 個の穴あき 2-セル F 内の単純でないループ ℓ によって代表される整係数ホモロジー $H_1(F) = \mathbf{Z}^2$ の元は原始元であるが，1 つの単純ループによって代表されないことを示せ．

問 7.4.2 図 7.10 に示されたザイフェルト曲面上の指定されたループに関するザイフェルト行列を求めよ．

問 7.4.3 n 次正方整数行列 V が $r \ (\geqq 2)$ 成分絡み目のザイフェルト行列である必要十分条件は，$d(V - V^T) = n(V - V^T) = r - 1$ となることである．これを示せ．

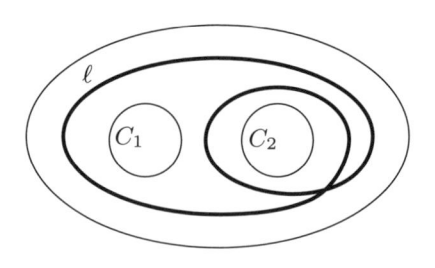

図 7.9

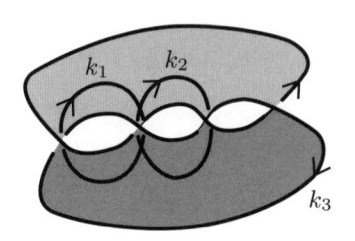

図 7.10

問 7.4.4 つぎの行列 V はザイフェルト行列であることを示し，V をザイフェルト行列にもつようなザイフェルト曲面を構成せよ．

$$V = \begin{pmatrix} 1 & -1 & 1 \\ 0 & 1 & -1 \\ 1 & 0 & 1 \end{pmatrix}$$

問 7.4.5 r 成分絡み目の連結図式 D のザイフェルト曲面 $F(D)$ の種数 $g(D)$ は，D の交差数を c，ザイフェルト円周の数を s とするとき，つぎの式で与えられることを示せ．

$$g(D) = \frac{2+c-r-s}{2}$$

第8講

ザイフェルト行列II：
アレクサンダー不変量

ザイフェルト行列から引き出される不変量はアレクサンダー不変量と呼ばれる．この講ではその主なものを紹介する．8.1節では，ザイフェルト行列を用いてアレクサンダー多項式とコンウェイ多項式を定義する．8.2節では，ザイフェルト行列を用いてアレクサンダー加群を定義する．8.3節では，ザイフェルト行列から計算される絡み目の符号数とプロパー絡み目のアーフ不変量を定義する．

8.1. アレクサンダー多項式とコンウェイ多項式

絡み目 L の任意のザイフェルト行列 V に対し，未知数 t の多項式 $A(L;t)$ を行列式
$$A(L;t) = \det(tV^T - V)$$
で定義する．ただし V^T は V の転置行列を表す．定理7.3.2より，ザイフェルト行列のS同値類は L の位相不変量であるから，$A(L;t)$ は t のベキ t^m ($m \in \mathbf{Z}$) の積を無視すると絡み目 L の位相不変量になることは，容易に検証できる．これを L の（1変数）**アレクサンダー多項式** (Alexander polynomial) という．つぎは定義から明らかである．

命題 8.1.1

(1) L が r 成分絡み目ならば，$A(L;t^{-1}) = (-1)^{r-1}t^m A(L;t)$ となる $m \in \mathbf{Z}$ がある．

(2) L が結び目ならば，次数 $\deg A(L;t)$ ($= \overline{\deg}f(x) - \underline{\deg}f(x)$) は偶数で $A(L;1) = 1$ になる．

(3) L が r 成分の絡み目で種数 g の連結ザイフェルト曲面をもつならば,

$$\deg A(t) \leqq 2g + r - 1$$

がなりたつ.

さて, 未知数 x を使って, $A(L;t)$ の代わりに x のローラン多項式 $C(L;x) = \det(xV^T - x^{-1}V)$ を考えると,

$$C(L;x) = \det x^{-1}(x^2 V^T - V) = x^{-n} A(L;x^2)$$

となる. したがって, $C(L;x)$ は x^2 のアレクサンダー多項式 $A(L;x^2)$ と (x のベキ乗を無視して) 同じものである. このローラン多項式の重要な点は, $C(L;x)$ は x のベキ乗のあいまいさなしに絡み目 L の位相不変量になることである. なぜそうなるかといえば, 容易に検証できることであるが, このローラン多項式は V の基底変換, 行拡大, 行縮小, 列拡大, 列縮小では不変になり, 結局 V の S 同値類の不変量になるからである. さらに, L の任意の図式 D に対し, $C(D;x) = C(L;x)$ とおくと, これはつぎの補題の性質 (0)–(2) で特徴づけられる:

補題 8.1.2 $C(D;x)$ は, つぎの (0)–(2) の性質をみたし, かつそれらだけから計算される x のローラン多項式である.

(0) $C(D;x)$ は D のライデマイスター移動 I, II, III で不変である.

(1) D が自明結び目図式ならば, $C(D;x) = 1$.

(2) 絡み目図式のスケイントリプル (D_+, D_-, D_0) に対し,

$$C(D_+;x) - C(D_-;x) = (x^{-1} - x) C(D_0;x).$$

証明 $C(D;x)$ が (0)–(2) だけから計算される x のローラン多項式であることは D の複雑度 $cd(D)$ の数学的帰納法による. 実際に, $C(D;x)$ が $z = x^{-1} - x$ の負ベキをもたない整数係数多項式であることを示す. そのために, まず自明絡み目 O^r ($r > 1$) の図式 D は $C(D;x) = 0$ となることに注意しよう. O^{r-1} の図式 D' を $c(D') = 1$ でその交差点の符号を $+$ となるようにとる. そのとき, D'_- も O^{r-1} の図式で, D_0 は O^r の図式となる. r に関する数学的帰納法と

$$D_+ \qquad\qquad D_- \qquad\qquad D_0$$

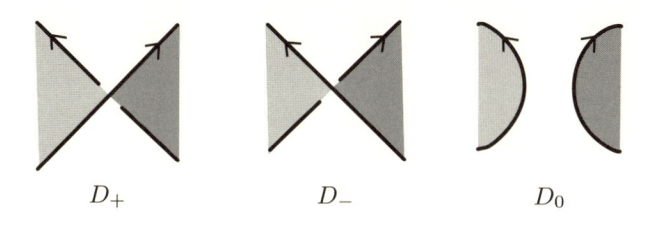

図 8.1

(0)–(2) より $C(D;x) = 0$ となる．さて，$cd(D) = (0,0)$ ならば，D は自明絡み目の図式であるから，$C(D;x) = 1$ または 0 である．$cd(D) > (0,0)$ のときには，D は $D_\pm$ とみなせるが，そのとき $cd(D_\mp) < cd(D)$ かつ $cd(D_0) < cd(D)$ となるので，数学的帰納法の仮定と (2) から，$C(D;x)$ が $z = x^{-1} - x$ の負ベキをもたない整数係数多項式になる．(0)–(1) は $C(D;x)$ の構成からわかるので，(2) がなりたつことを示そう．図 8.1 のように，D_0 の連結ザイフェルト曲面 F_0 をとり，それをつないだ D_+, D_- の連結ザイフェルト曲面 F_+, F_- をとる．$H_1(F_0)$ の基底を 1 つとり，その基底に関するザイフェルト行列を V_0 とする．$H_1(F_\pm)$ の基底として，$H_1(F_0)$ の定められた基底に図 8.1 の交差点を通るループ $\ell_\pm$ の元を付け加えたものをとる．ただし，ℓ_+ と ℓ_- は D_0 上では一致するものとする．このとき，$H_1(F_\pm)$ のこの基底に関するザイフェルト行列 $V_\pm$ は，適当な整数 u，横ベクトル $\boldsymbol{v}, \boldsymbol{w}$ を使って，

$$V_+ = \begin{pmatrix} u & \boldsymbol{v} \\ \boldsymbol{w}^T & V_0 \end{pmatrix}, \qquad V_- = \begin{pmatrix} u+1 & \boldsymbol{v} \\ \boldsymbol{w}^T & V_0 \end{pmatrix}$$

と表せる．したがって，

$$C(D_+;x) - C(D_-;x) = \det(xV_+^T - x^{-1}V_+) - \det(xV_-^T - x^{-1}V_-)$$

を 1 行について展開すると，この値は $-(x - x^{-1})C(D_0;x)$ になる．□

この補題において，$z = x^{-1} - x$ とおけば，$C(L;z) = C(D;x)$ は z の負ベキをもたない整数係数多項式となり，これを $\nabla(L;z) = \nabla(D;z)$ とおき，L あるいは D の**コンウェイ多項式** (Conway polynomial) という．コンウェイ多項式 $\nabla(D;z)$ はつぎのように特徴づけられる：

命題 8.1.3 (コンウェイ多項式の特徴づけ)　$\nabla(D;z)$ は，つぎの $(\nabla 0)$–$(\nabla 2)$ の性質をみたし，かつそれらだけから計算される z の負ベキをもたない整数係数多項式になる．

$(\nabla 0)$　$\nabla(D;z)$ は D のライデマイスター移動 I, II, III で不変である．

$(\nabla 1)$　D が自明結び目図式ならば，$\nabla(D;z) = 1$．

$(\nabla 2)$　任意のスケイントリプル D_+, D_-, D_0 に対し，
$$\nabla(D_+;z) - \nabla(D_-;z) = z\nabla(D_0;z).$$

つぎの系は，命題 8.1.3 から得られる．

系 8.1.4　r 成分絡み目 L のコンウェイ多項式は
$$\nabla(L;z) = z^{r-1}(a_0 + a_2 z^2 + \ldots + a_{2m} z^{2m})$$
という形をしている．さらに，$m \leq g(L)$，また $r=1$ のとき $a_0 = 1$，$r=2$ のとき $a_0 = \mathrm{Link}(L)$ がなりたつ．

証明　$\nabla(L;z)$ の一般形は，補題 8.1.2 の証明と同様に，図式 D の複雑度 $cd(D)$ に関する数学的帰納法から示される．$m \leq g(L)$ は構成からわかる．a_0 についての主張は $(\nabla 1)$, $(\nabla 2)$ より得られる．□

つぎの結果は，コンウェイ多項式の定義式から容易に求まる．

例 8.1.5

(0) 2 成分以上の自明な絡み目 L のコンウェイ多項式は $\nabla(L;z) = 0$ となる．

(1) 正，負のホップの絡み目 $H(+)$, $H(-)$ のコンウェイ多項式は，それぞれ $\nabla(H(+);z) = z$, $\nabla(H(-);z) = -z$ となる．

(2) ツイスト結び目 K_n のコンウェイ多項式は，
$$\nabla(K_n;z) = \begin{cases} 1 - \dfrac{n}{2} z^2 & (n：偶数) \\ 1 + \dfrac{n+1}{2} z^2 & (n：奇数) \end{cases}$$
となり，鏡像を無視したすべての K_n の分類は，コンウェイ多項式だけでされる．

8.2. アレクサンダー加群

 変数 t の整係数ローラン多項式全体を Λ で表すとき，Λ は，$\pm t^i$ $(i \in \mathbb{Z})$ を単元とする可換環になる．絡み目 L のサイズ n のザイフェルト行列 V が与えられたら，Λ-準同型写像

$$\psi : \Lambda^n \longrightarrow \Lambda^n$$

を，縦ベクトル $\boldsymbol{x}$ を使って $\psi(\boldsymbol{x}) = (tV^T - V)\boldsymbol{x}$ と定義する．そのとき，商 Λ-加群 $\Lambda^n/\psi(\Lambda^n)$ は Λ-同型を無視すれば，ザイフェルト行列 V の S 同値類で決定されることがわかる．よって，定理 7.3.2 により，この Λ-加群は L の位相不変量である．これを $M(L)$ で表し，L の**アレクサンダー加群** (Alexander module) という．この加群は L の無限巡回被覆空間の 1 番ホモロジーと同一視できるので，結び目理論において重要な Λ-加群である（特講参照）．有限生成 Λ-加群 M の Λ-同型類の計算可能な不変量として，M の k **番初等イデアル** (k-th elementary ideal) $I^k(M)$ とよばれる Λ-イデアルの列

$$I^0(M) \subset I^1(M) \subset I^2(M) \subset \ldots$$

がつぎのような仕方で定義される．M の任意の表現行列 $R(t)$，すなわち Λ-同型 $\Lambda^s/\phi(\Lambda^r) \cong M$ がなりたつような任意の Λ-準同型写像 $\phi : \Lambda^r \to \Lambda^s$ $(r \geq s)$ をとり，縦ベクトル $\boldsymbol{x}$ に対し $\phi(\boldsymbol{x}) = R(t)\boldsymbol{x}$ となるような (s,r) 型行列 $R(t)$ を考える．このとき，$R(t)$ のすべての $s-k$ 次小行列式で Λ 上生成されたイデアルを $I^k(M)$ として定義する．また，$k \geq s$ に対しては $I^k(M) = \Lambda$ とおく．これらのイデアルが M の Λ-同型類の不変量であることを見るために，整数行列の基本変形と類似した，Λ 上の行列 A の**基本変形** (elementary transformations) をつぎのように定義する:

I A を A のある縦（または横）ベクトルを $\pm t^m$ $(m \in \mathbb{Z})$ 倍して得られる行列で置き換える．

II A を A の 2 つの縦（または横）ベクトルを交換して得られる行列で置き換える．

III A を A のある縦（または横）ベクトルに Λ の元をかけて他の縦（または横）ベクトルに加えてできる行列で置き換える．

IV A と $(A\mathbf{0})$ を交換する．ただし，$\mathbf{0}$ は A の縦ベクトルと同じサイズのゼロベクトルを表す．

V A と $A \oplus (1)$ を交換する．

このとき，イデアル $I^k(M)$ $(k = 0, 1, 2, \ldots)$ は表現行列 $R(t)$ の基本変形によらないことは容易にチェックできる．M 上の任意の2つの表現行列はこれらの基本変形の有限回の操作で移りあうことが知られている（拙著『線形代数からホモロジーへ』培風館 (2000) の p.31 参照）ことから，これらのイデアルは M の Λ-同型類の不変量となることがわかるのである．特に，M としてアレクサンダー加群 $M(L)$ をとるとき，絡み目 L の位相不変量である k 番アレクサンダーイデアル (k-th Alexander ideal) $I^k(L) = I^k(M(L))$ $(k = 0, 1, 2, \ldots)$ を得る．$R(t) = tV - V^T$ としてとる場合には，$I^k(L)$ が V の S 同値類にしかよらないことが直接示せるので，これらのイデアルが L の位相不変量となることは直接知ることができる．特に，$I^0(L)$ はアレクサンダー多項式 $A(L; t)$ のみで生成される単項イデアルである．この観点からの一般化として，$I^k(L)$ を含む最小の単項イデアルの生成元となるような t のローラン多項式を k **番アレクサンダー多項式** (k-th Alexander polynomial) といい，$A^k(t)$ で表す．これは Λ の単元 $\pm t^m$ ($m \in \mathbf{Z}$) の積を無視すれば，L の位相不変量になる．各 k に対し，$A^k(L; t)$ は $A^{k+1}(L; t)$ で割り切れ，また $A^k(L; t) \neq 0$ となるような最小の k はアレクサンダー加群 $M(L)$ の Λ-階数 $\beta(L)$ に一致する，すなわち，$k = \beta(L) = n - \mathrm{rank}_\Lambda(tV^T - V)$ となり，そのような $A^k(L; t)$ を**トージョンアレクサンダー多項式** (torsion Alexander polynomial) といい，$A^\tau(L; t)$ で表す．

例 8.2.1 図 8.2 の 2 成分絡み目 L について，図に示されたような種数 2 のザイフェルト曲面上のホモロジー基底 x_i $(i = 1, 2, 3, 4, 5)$ をとるとき，L のザイフェルト行列 V は

$$V = \begin{pmatrix} 0 & -1 & 0 & 1 & 0 \\ 0 & 0 & 0 & 0 & 0 \\ 0 & 0 & 0 & -2 & 0 \\ 1 & 0 & -1 & 0 & 3 \\ 0 & 0 & 0 & 3 & 0 \end{pmatrix}$$

8.2. アレクサンダー加群　109

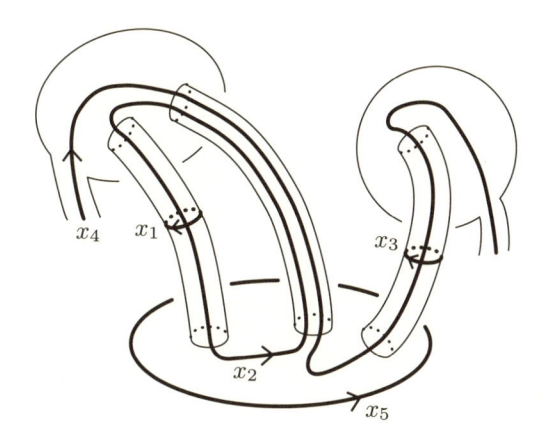

図 8.2

と計算される. Λ-行列 $tV^T - V$ は Λ 上での基本変形により,

$$V = \begin{pmatrix} 0 & t+1 & 0 \\ t+1 & 0 & 3 \\ 0 & 3 & 0 \end{pmatrix}$$

に変形される. したがって, $I^0(L) = (0)$, $I^1(L) = ((t+1)^2, 3(t+1), 9)$, $I^2(L) = (t+1, 3), I^3(L) = \Lambda, \beta(L) = 1, A^\tau(L;t) = 1$ となる.

整数 $n > 1$ に対し,

$$\rho_n(t) = \frac{t^n - 1}{t - 1} = 1 + t + \cdots + t^{n-1}$$

とおく．アレクサンダー加群 $M(L)$ の商 Λ-加群

$$M_n(L) = M(L)/\rho_n(t)M(L)$$

は L の n 次巡回分岐被覆空間の 1 番ホモロジーと同一視できる（特講命題 S.1.2 参照）ので，結び目理論において重要な Λ-加群である．例えば，$M_2(L)$ を考えることによりにより，つぎの命題がなりたつ．

命題 8.2.2 r 成分絡み目 L の図式 D のゲーリッツ行列 G の既約行列 G_1 とザイフェルト行列 V の対称化行列 $V + V^T$ のねじれ不変量は一致する．特に，$|A(L;-1)| = \det G_1$, $n(V + V^T) = n(L)$ がなりたつ．

証明 $\rho_2(t) = t + 1$ であり，完全列

$$\Lambda^n \xrightarrow{tV^T - V} \Lambda^n \longrightarrow M(L) \to 0$$

から完全列

$$\mathbf{Z}^n \xrightarrow{-(V^T + V)} \mathbf{Z}^n \longrightarrow M_2(L) \to 0$$

が得られる．一方，特講系 S.3.2 により完全列

$$\mathbf{Z}^m \xrightarrow{G_1} \mathbf{Z}^m \longrightarrow M_2(L) \to 0$$

が存在する．これより，結論を得る．□

8.3. アーフ不変量と符号数

連結ザイフェルト曲面 F 上のループ ℓ に対し，$q(\ell) = \mathrm{Link}(\ell^+, \ell) \pmod{2}$ とおくと，q は $\mathbf{Z}_2$-係数ホモロジー $H_1(F; \mathbf{Z}_2)$ から $\mathbf{Z}_2$ への関数

$$q : H_1(F; \mathbf{Z}_2) \longrightarrow \mathbf{Z}_2$$

を導く．絡み数の性質を使うと，

$$q(x+y) = q(x) + q(y) + x \cdot y \quad (\forall x, y \in H_1(F; \mathbf{Z}_2))$$

が成り立つことがわかる．ここで，$x \cdot y$ は，x, y を代表する横断的に交わるループ ℓ_x, ℓ_y の交叉数のことであり，$\mathrm{Link}(\ell_x^+ - \ell_x^-, \ell_y) \pmod 2$ に等しいことか

ら，代表ループの選択によらないことがわかる．r 成分絡み目 L の種数 g の連結ザイフェルト曲面 F を考えるとき，$\mathbf{Z}_2$-ホモロジー $H_1(F; \mathbf{Z}_2)$ には $\mathbf{Z}_2$-基底

$$\flat = \{x_j, y_j, z_k | 1 \leqq j \leqq g, 1 \leqq k \leqq r-1\}$$

で，$x_i \cdot y_j = \delta_{ij}$（クロネッカーのデルタ）かつ z_k は L の結び目成分で代表されるようなものが存在する．ここでは，このような $\mathbf{Z}_2$-基底を $\mathbf{Z}_2$-**標準基底**（$\mathbf{Z}_2$-standard basis）とよぶことにする．この $\mathbf{Z}_2$-標準基底 $\flat$ に関して，

$$\operatorname{Arf}(F, \flat) = \sum_{j=1}^{g} q(x_j) \cdot q(y_j) \in \mathbf{Z}_2$$

とおく．この値を，連結ザイフェルト曲面 F の $\mathbf{Z}_2$-標準基底 $\flat$ に関する**アーフ不変量**（Arf invariant）という．アーフ不変量は，一般的には $(F, \flat)$ の選択に依存する（問 8.4.3）が，**プロパー**（proper）絡み目，すなわち $\operatorname{Link}(K, L \backslash K) = 0$ (mod 2) がすべての結び目成分 K でなりたつような絡み目 L に対しては，つぎに示すように，絡み目の同型の不変量になる．このとき，$\operatorname{Arf}(F, \flat)$ は $\operatorname{Arf}(L)$ で表される．なお，結び目はプロパー絡み目とみなされる．

補題 8.3.1 $L = \partial F$ がプロパー絡み目ならば，アーフ不変量 $\operatorname{Arf}(F, \flat)$ は絡み目 L の不変量である．

証明 F 上で L の結び目 K に平行な単純ループを K' とすれば，$[-K'] = [L \backslash K] \in H_1(F \backslash K)$ となるので，

$$q(K) = \operatorname{Link}(K, K') \pmod 2 = \operatorname{Link}(K, L \backslash K) \pmod 2 = 0$$

となる．$\mathrm{i} = \sqrt{-1}$ としてガウス和

$$GS(q) = \sum_{a \in H_1(F; \mathbf{Z}_2)} \exp(2\pi \mathrm{i} \frac{q(a)}{2})$$

を考えよう．$\mathbf{Z}_2$-標準基底 $\flat = \{x_j, y_j, z_k \mid 1 \leqq j \leqq g, 1 \leqq k \leqq r-1\}$ に関して，$H_1(F; \mathbf{Z}_2)$ は x_j, y_j を $\mathbf{Z}_2$-基底にもつような因子 $G_i \cong \mathbf{Z}_2^2$ $(j = 1, 2, \ldots, g)$ と z_k を $\mathbf{Z}_2$-基底にもつような因子 $H_k \cong \mathbf{Z}_2$ $(k = 1, 2, \ldots, r-1)$ の直和である．

$$\sum_{a \in G_j} \exp\left(2\pi i \frac{q(a)}{2}\right) = 2 \exp(\pi \mathrm{i}\, q(x_j) \cdot q(y_j))$$

$$\sum_{a \in H_k} \exp\left(2\pi i \frac{q(a)}{2}\right) = 2$$

となるので，$x \cdot y = 0$ ならば $q(x+y) = q(x) + q(y)$ という性質を使うと，

$$GS(q) = 2^{g+r-1} \exp(\pi i \sum_{j=1}^{g} q(x_j) \cdot q(y_j))$$

となる．特に，F 上のザイフェルト行列 $V = (v_{ij})$ に基底変換を行うと，$V - V^T$ は $\begin{pmatrix} 0 & -1 \\ 1 & 0 \end{pmatrix}$ の g 個のコピーと $r-1$ 次ゼロ行列のブロック和になると仮定できる．このとき，

$$\sum_{j=1}^{g} q(x_j) \cdot q(y_j) = \sum_{j=1}^{g} v_{2j-1,2j-1} \cdot v_{2j,2j}$$

がなりたつ．W が V の行拡大または列拡大のときにも，W の基底変換で，

$$W - W^T = \begin{pmatrix} 0 & -1 \\ 1 & 0 \end{pmatrix} \oplus (V - V^T)$$

と仮定できるので，$\sum_{j=1}^{g} v_{2j-1,2j-1} \cdot v_{2j,2j}$ の値は不変である．よって，定理 7.3.2 より，$\mathrm{Arf}(F, \flat)$ は絡み目 L の不変量である．□

プロパー絡み目 L_i ($i = 1, 2$) の分離和 $L_1 + L_2$ に対し，加法性

$$\mathrm{Arf}(L_1 + L_2) = \mathrm{Arf}(L_1) + \mathrm{Arf}(L_2)$$

がなりたつ．2 成分以上の絡み目があるとき，その異なる結び目成分の間を向きが矛盾しないようにバンドでつないで（成分数が 1 減少した）新しい絡み目を構成することができる．この操作を**ヒュージョン** (fusion) という．自明絡み目の何回かのヒュージョンにより得られた結び目を**リボン結び目** (ribbon knot) という．このとき，つぎの性質が示せる．

系 8.3.2 プロパー絡み目 L からヒュージョンにより得られた絡み目（プロパーになる）を L' とすると，$\mathrm{Arf}(L') = \mathrm{Arf}(L)$ がなりたつ．特に，K がリボン結び目ならば，$\mathrm{Arf}(K) = 0$．

証明 L の異なる結び目成分をつなぐバンド B と L の連結ザイフェルト曲面 F が与えられたら，F をパイプをつける操作で変形することにより，$F' = F \cup B$ は L' の連結ザイフェルト曲面であると仮定できる．F の $\mathbf{Z}_2$-標準基底

$$\flat = \{x_j, y_j, z_k | 1 \leqq j \leqq g, 1 \leqq k \leqq r-1\}$$

に対し，F' の $\mathbf{Z}_2$-標準基底として，つぎのようなものがとれる：

$$\flat' = \{x'_j, y'_j, z'_k | 1 \leqq j \leqq g+1, 1 \leqq k \leqq r-2\}$$

ただし，$x'_j = x_j, y'_j = y_j \ (1 \leqq j \leqq g), x'_{g+1} = z_{r-2}, y'_{g+1} = [\hat{b}]$ ($\hat{b}$ はバンド B の中心線 b を F の内部へ拡張して作ったループ)，$z'_k = z_k (1 \leqq k \leqq r-3)$, $z'_{r-2} = z_{r-2} + z_{r-1}$ とする．$q(z_{r-2}) = 0$ であるから，$\mathrm{Arf}(F', \flat') = \mathrm{Arf}(F, \flat)$ を得る．□

プロパー絡み目 L が 4 次元上半空間 R^4_+ 内で種数 0 の向き付け可能連結曲面をはるならば，L と自明絡み目の直和にヒュージョンを何回か行うことによりリボン結び目が得られることが知られている（付録 p.174 脚注参照）．したがって，アーフ不変量の加法性と系 8.3.2 からつぎの系が得られる．

系 8.3.3 プロパー絡み目 L が 4 次元上半空間 R^4_+ 内で種数 0 の向き付け可能連結曲面をはるならば，$\mathrm{Arf}(L) = 0$ となる．

例えば，K が三葉結び目あるいは 8 の字結び目ならば，$\mathrm{Arf}(K) = 1$ となるので，この系により，K は R^4_+ 内で円板をはることができない．

系 8.3.4 $D_{\pm}$ を結び目図式とするような任意のスケイントリプル D_+, D_-, D_0 に対し，

$$\mathrm{Arf}(D_+) - \mathrm{Arf}(D_-) = \mathrm{Link}(D_0) \pmod 2$$

がなりたつ．また，結び目 K のコンウェイ多項式 $\nabla(K; z) = 1 + a_2 z^2 + \cdots + a_{2m} z^{2m}$ に対し，$a_2 \pmod 2 = \mathrm{Arf}(K)$ がなりたつ．

証明 $\mathrm{Link}(D_0) = 0 \pmod 2$ ならば，D_0 は 2 成分のプロパー絡み目なので，系 8.3.2 より，

$$\mathrm{Arf}(D_+) - \mathrm{Arf}(D_-) = \mathrm{Arf}(D_0) - \mathrm{Arf}(D_0) = 0$$

がなりたつ．$\mathrm{Link}(D_0) = 1 \pmod 2$ と仮定しよう．D_0 の連結ザイフェルト曲面 F_0 をとり，$\mathbf{Z}_2$-標準基底 $\flat_0 = \{x_i, y_i (1 \leqq i \leqq n), k\}$ をとる．ただし，k は D_0 の結び目成分とする．図 8.1 のように $D_\pm$ の連結ザイフェルト曲面 $F_\pm$ をとり，$\mathbf{Z}_2$-標準基底 $\flat_\pm = \{x_i, y_i (1 \leqq i \leqq n), k, k'_\pm\}$ を定める．ただし，$k'_\pm$ は図 8.1 の交差点を通り，k とは 1 点で交叉するループである．そのとき，仮定より $q(k) = 1$ であり，また構成から $q(k'_+) \neq q(k'_-)$ となる．よって，このときには，

$$\mathrm{Arf}(D_+) - \mathrm{Arf}(D_-) = 1$$

となる．a_2 についての主張は，以下の 2 点に注意すれば，結び目図式 D の複雑度 $cd(D)$ に関する数学的帰納法から示される．

(1) 自明結び目 O について，$a_2(O) = \mathrm{Arf}(O) = 0$．

(2) 式 ($\nabla 2$) および 2 成分絡み目の a_0 は絡み数を表すことから，$D_\pm$ を結び目図式とするスケイントリプル (D_+, D_-, D_0) に対し，等式

$$a_2(D_+) - a_2(D_-) = \mathrm{Link}(D_0)$$

がなりたち，この等式 (mod 2) が Arf の式と一致する． □

つぎに，ザイフェルト行列に付随した符号数不変量について述べよう．$h_{ij}(x)$ ($x \in [-1, 1]$) を複素数値連続関数とするような n 次エルミート行列 $H(x) = (h_{ij}(x))$ の符号数 $\mathrm{sign}\, H(x)$ を考える．$r = \max_{x \in [-1,1]} \mathrm{rank}\, H(x) \geqq 1$ とする．

補題 8.3.5 任意の $\mathrm{rank}\, H(\alpha) = r$ となるような $\alpha \in [-1, 1]$ について，すべての $x \in N(\alpha)$ について $\mathrm{sign}\, H(x) = \mathrm{sign}\, H(\alpha)$ となるような α の近傍 $N(\alpha) \subset [-1, 1]$ が存在する．

証明 彌永昌吉・小平邦彦著『現代数学概説』岩波書店 (1961) に述べられている主部分行列の列と符号数との関係についての議論を用いる．つぎの条件をみたす $H(x)$ の主部分行列の列

$$H_1(x) \subset H_2(x) \subset \cdots \subset H_r(x)$$

をとることができる．

(1) $H_i(x)$ のサイズは i.

(2) $f_0(x) = 1$, $f_i(x) = \det H_i(x)$ とおくとき, $f_r(\alpha) \neq 0$.

(3) もし $f_i(\alpha) = 0$ ならば, $f_{i-1}(\alpha) f_{i+1}(\alpha) < 0$.

このとき
$$\operatorname{sign} H(\alpha) = \sum_{i=1}^{r} \operatorname{sign}(f_{i-1}(\alpha) f_i(\alpha))$$

がなりたつ. ただし, $\operatorname{sign} 0 = 0$ である. いま α の近傍 $N(\alpha)$ を, $f_i(\alpha) \neq 0$ ならば, すべての $x \in N(\alpha)$ について $\operatorname{sign}(f_i(x)) = \operatorname{sign}(f_i(\alpha))$ をみたすようにとる. そうすれば, $f_i(x') = 0$ となるような i と $x' \in N(\alpha)$ があれば, $f_i(\alpha) = 0$ であり, すべての $x \in N(\alpha)$ で $f_{i-1}(x) f_{i+1}(x) < 0$ がなりたつ. よって, すべての $x \in N(\alpha)$ について $\operatorname{sign} H(x) = \sum_{i=1}^{r} \operatorname{sign}(f_{i-1}(x) f_i(x))$ であり, さらに $f_{i-1}(x) f_{i+1}(x) < 0$ ならば $\operatorname{sign}(f_{i-1}(x) f_i(x)) + \operatorname{sign}(f_i(x) f_{i+1}(x)) = 0$ だから, すべての $x \in N(\alpha)$ について $\operatorname{sign} H(x) = \operatorname{sign} H(\alpha)$ がなりたつ. □

実数正方行列 V に対し, $V + V^T$ の符号数を $\sigma(V)$ で表す.

$$V(t) = (1-t)V + (1-t^{-1})V^T = (1-t)(V - t^{-1} V^T)$$

とおく. 実数 $\alpha \in (-1, 1)$ に複素数 $\omega_\alpha = \alpha + \sqrt{1-\alpha^2}\mathrm{i}$ を対応させ, $\omega_{\pm 1} = \pm 1$ とおくとき, $V(\omega_\alpha)$ はエルミート行列であるから, 符号数 $\sigma V(\omega_\alpha)$ が定義できる. $\max_{x \in [-1,1]} \operatorname{rank} V(\omega_x) = \operatorname{rank}_\Lambda V(t)$ に注意しよう. そこで, $\alpha \in (-1, 1)$ に対し,

$$\sigma_\alpha(V) = \lim_{x \to \alpha - 0} \sigma V(\omega_x) - \lim_{x \to \alpha + 0} \sigma V(\omega_x)$$

と定義する. また,

$$\sigma_{-1}(V) = \sigma(V) - \lim_{x \to -1+0} \sigma V(\omega_x), \quad \sigma_1(V) = \lim_{x \to 1-0} \sigma V(\omega_x)$$

とおく. 補題 8.3.5 により, 局所符号数 $\sigma_\alpha(V)$ は有限個の α を除いて 0 になり, またつぎの等式がなりたつことがわかる:

$$\sigma(V) = \sum_{\alpha \in [-1, 1]} \sigma_\alpha(V).$$

実数体上の既約対称多項式 $p_\alpha(t)$ $(\alpha \in [-1, 1])$ を $\alpha \in (-1, 1)$ に対し $p_\alpha(t) = t^2 - 2\alpha t + 1$, また $\alpha = \pm 1$ に対し $p_\alpha(t) = t - \alpha$ とおく. 絡み目 L のトージョ

ンアレクサンダー多項式 $A^\tau(L;t)$ を実数体上で

$$A^\tau(L;t) \doteq A^\tau_*(t) \prod_{\alpha \in [-1,1]} p_\alpha(t)^{n(\alpha)}$$

と因数分解しておく．ただし，$\doteq$ は ct^m（c はゼロでない実数，$m \in \mathbf{Z}$）の積を無視した等式を表し，$A^\tau_*(t)$ は $p_\alpha(t)$ ($\alpha \in [-1,1]$) を因子として含まない t の実数係数ローラン多項式，$n(\alpha) \geqq 0$ とする．第7講において正方行列の基底変換，行縮小は整数環上で定義されているが，ここではそれぞれ指定された有理数体あるいは実数体上でそれらを考えるものとする．また，V はブロック和の行列 $W = (0) \oplus V$ の**ゼロ縮小** (zero reduction) という．このとき，絡み目 L のザイフェルト行列 V について，つぎがなりたつ．

命題 8.3.6 (1) 符号数 $\sigma(V)$ と $\sigma_\alpha(V)$ ($\alpha \in [-1,1]$) は絡み目 L の不変量である．

(2) 行列 V は有理数体上での基底変換，行縮小，ゼロ縮小により，$\det W \neq 0$ となる行列 W に変形される．

(3) (2) の行列 W は実数体上で，基底変換により，$\det(tW_* - W_*^T) \doteq A^\tau_*(t)$, $\det(tW_\alpha - W_\alpha^T) \doteq p_\alpha(t)^{n(\alpha)}$ となるようなブロック和 $W_* \oplus_{\alpha \in [-1,1]} W_\alpha$ に変形される．ただし，$A^\tau_*(t) \doteq 1$, $n(\alpha) = 0$ のときには，それぞれ $W_* = \emptyset$, $W_\alpha = \emptyset$ と解釈する．

(4) すべての $\alpha \in [-1,1]$ について，$\sigma_\alpha(V) = \sigma(W_\alpha)$ がなりたつ．

証明 ザイフェルト行列の基底変換，行または列拡大で，符号数と退化次数が不変なことは容易にチェックできる．よって，(1) は定理 7.3.2 から得られる．(2) を示すためには，$\mathbf{Q}^n$ を縦ベクトル空間と考えるときの双線形形式

$$\phi : \mathbf{Q}^n \times \mathbf{Q}^n \to \mathbf{Q}, \quad \psi : \mathbf{Q}^n \times \mathbf{Q}^n \to \mathbf{Q}$$

を $\phi(\boldsymbol{x},\boldsymbol{y}) = \boldsymbol{x}^T V \boldsymbol{y}$, $\psi(\boldsymbol{x},\boldsymbol{y}) = \boldsymbol{x}^T(V - V^T)\boldsymbol{y} = \phi(\boldsymbol{x},\boldsymbol{y}) - \phi(\boldsymbol{y},\boldsymbol{x})$ により定義する．もし $\det V = 0$ ならば，すべての $\boldsymbol{y} \in \mathbf{Q}^n$ で $\phi(\boldsymbol{x}_1,\boldsymbol{y}) = 0$ となるような $\boldsymbol{x}_1 \in \mathbf{Q}^n$ が存在する．すべての $\boldsymbol{y} \in \mathbf{Q}^n$ で $\psi(\boldsymbol{x}_1,\boldsymbol{y}) = 0$ ならば，すべての $\boldsymbol{y} \in \mathbf{Q}^n$ で $\phi(\boldsymbol{y},\boldsymbol{x}_1) = 0$ にもなるので，$\mathbf{Q}^n$ の標準基底を $\boldsymbol{x}_1$ を含む任意の基底に変える基底変換を行った後では，V はゼロ縮小が可能となる．ある

8.3. アーフ不変量と符号数　117

$y \in \boldsymbol{Q}^n$ で $\psi(\boldsymbol{x}_1, \boldsymbol{y}) \neq 0$ ならば，$\psi(\boldsymbol{x}_1, \boldsymbol{x}_2) = -1$ となるような $\boldsymbol{x}_2 \in \boldsymbol{Q}^n$ が存在する．このとき，$\phi(\boldsymbol{x}_2, \boldsymbol{x}_1) = 1$ であり，$\boldsymbol{Q}^n$ の標準基底を $\boldsymbol{x}_1, \boldsymbol{x}_2$ を含む任意の基底に変える基底変換を行った後では，V は行縮小が可能となる．この操作を繰り返していけば，やがて $\det W \neq 0$ となる行列 W に到達し，(2) が示される．(3) を示すために，双線形対称形式 $b: \boldsymbol{R}^n \times \boldsymbol{R}^n \to \boldsymbol{R}$ およびその等長変換 t を $\boldsymbol{R}^n$ の標準基底 $e_1, e_2, \ldots, e_n$ を使って，$(b(e_i, e_j)) = W + W^T$, $t(e_1, e_2, \ldots, e_n) = (e_1, e_2, \ldots, e_n)(W^T)^{-1}W$ と定義する．t の特性多項式

$$\det(tE - (W^T)^{-1}W) \doteq \det(tE - (W^T)^{-1}W) \doteq A^\tau(L; t)$$

となることに注意して，t の H_*, H_α への制限の特性多項式がそれぞれ $A^\tau_*(t)$, $p_\alpha(t)^{n(\alpha)}$ に $\doteq$ の意味で等しくなるような $\boldsymbol{R}^n$ の $\boldsymbol{R}[t, t^{-1}]$-加群分解

$$\boldsymbol{R}^n = H_* \oplus_{\alpha \in [-1, 1]} H_\alpha$$

を考える．$A^\tau_*(t), p_\alpha(t)^{n(\alpha)}$ は互いに素な多項式であるので，t が b の等長変換であることを使うと，この直和分解は b に関して直交分解になっていることがわかる．H_*, H_α の $\boldsymbol{R}$-基底から構成された $\boldsymbol{R}^n$ の $\boldsymbol{R}$-基底 $e'_1, e'_2, \ldots, e'_n$ の基底変換行列 P を $(e'_1, e'_2, \ldots, e'_n) = (e_1, e_2, \ldots, e_n)P$ で定めるとき，$P^T W P$ を改めて W で表せば，W が (3) の形 $W_* \oplus_{\alpha \in [-1, 1]} W_\alpha$ に分解されていることは，つぎの補題からわかる．

補題 8.3.7　各 $i = 1, 2$ について，E_i を単位行列，U'_i, U_i を E_i と同じサイズの正方行列で，$W + W^T = U'_1 \oplus U'_2$, $(W^T)^{-1}W = U_1 \oplus U_2$, $\det(E_2 + U_2) \neq 0$ がなりたつと仮定する．このとき，$W = W_1 \oplus W_2$ となり，かつ各 i について $W_i + W_i^T = U'_i$, $(W_i^T)^{-1}W_i = U_i$ となるような行列 W_i $(i = 1, 2)$ が存在する．

この証明は後で示すことにして，この結果を使い (4) を証明しよう．α と x を，$-1 \leq x < \alpha \leq 1$ とすれば，補題 8.3.5 より $\sigma W_\alpha(\omega_x) = \sigma W_\alpha(-1) = \sigma(W_\alpha)$ がなりたつ．また，$-1 \leq \alpha < x < 1$ とすれば，つぎがなりたつ．

$$\sigma(W_\alpha(\omega_x)) = \lim_{x \to 1-0} \sigma\left(\frac{W_\alpha(\omega_x)}{\sqrt{1-x^2}}\right) = \mathrm{sign}(-\mathrm{i}(W_\alpha - W_\alpha^T)),$$
$$\sigma(W_\alpha(\bar{\omega}_x)) = \lim_{x \to 1-0} \sigma\left(\frac{W_\alpha(\bar{\omega}_x)}{\sqrt{1-x^2}}\right) = \mathrm{sign}(\mathrm{i}(W_\alpha - W_\alpha^T)).$$

このとき，$\sigma(W_\alpha(\omega_x)) = \sigma(W_\alpha(\bar{\omega}_x))$ なので，この値は 0 となることがわかる．したがって，$\alpha \in (-1,1]$ について $\sigma_\alpha(V) = \sigma(W_\alpha)$ がなりたつ．つぎに，$\sigma(W_*) = 0$ を示そう．これが示されれば，

$$\sigma(W_{-1}) = \sigma(V) - \sum_{\alpha \in (-1,1]} \sigma(W_\alpha) = \sigma(V) - \sum_{\alpha \in (-1,1]} \sigma_\alpha(V) = \sigma(V_{-1})$$

となり，補題 8.3.7 の証明を除いた命題 8.3.6 の証明が完成する．$A_*^\tau(t)$ の（定数でない）実数上既約対称多項式を $q(t)$ とすると，$q(t) \neq q(t^{-1})$ がなりたつ．$q(t)$-成分 $H_{q(t)}$ とは，$q(t)^m x = 0$ となるような正整数 m が存在するようなすべての元 $x \in H_*$ からなる H_* の $\boldsymbol{R}[t,t^{-1}]$-部分加群のことである．b の $H_* \times H_*$ への制限は t-等長的で非退化な双線形写像であるから，$A_*^\tau(t)$ の実数上の既約対称多項式分解に対応した H_* の $\boldsymbol{R}[t,t^{-1}]$-加群分解は，$A_*^\tau(t) \doteq A_*^\tau(t^{-1})$ より $\dim_{\boldsymbol{R}} H_{q(t)} = \dim_{\boldsymbol{R}} H_{q(t^{-1})}$ となるような直和 $H_{q(t)} \oplus H_{q(t^{-1})}$ の形の b に関する直交分解になる．$q(t^{-1})^m H_{q(t)} = H_{q(t)}$ であるので，

$$b(H_{q(t)}, H_{q(t)}) = b(q(t^{-1})^m H_{q(t)}, H_{q(t)}) = b(H_{q(t)}, q(t)^m H_{q(t)}) = 0$$

となる．同様に，$b(H_{q(t^{-1})}, H_{q(t^{-1})}) = 0$ となる．よって，$(H_{q(t)} \oplus H_{q(t^{-1})}) \times (H_{q(t)} \oplus H_{q(t^{-1})})$ への b の制限の符号数は 0 となり，$\sigma(W_*) = 0$ が示される．
$\square$

補題 8.3.7 の証明 $W + W^T = (E + W^T W^{-1})W$ だから，$U_1' \oplus U_2' = ((E_1 + U_1^T) \oplus (E_2 + U_2^T))W$ となる．

$$W = \begin{pmatrix} W_{11} & W_{12} \\ W_{21} & W_{22} \end{pmatrix}$$

において，W_{ii} は U_i' と同じサイズの行列とする．そのとき，$(E_2 + U_2^T)W_{21} = O$（ゼロ行列）となり，$\det(E_2 + U_2^T) \neq 0$ より，$W_{21} = O$ となる．さらに，$W + W^T = U_1' \oplus U_2'$ を使うと，$W_{12} = O$ となり，W_{ii} を求める W_i とおける．
$\square$

$\sigma(V)$ と $\sigma_\alpha(V)$ ($\alpha \in [-1,1]$) をそれぞれ L の**符号数** (signature)，$\alpha \in [-1,1]$ での**局所符号数** (local signature) といい，$\sigma(L), \sigma_\alpha(L)$ で表す．

$$\sigma(L) = \sum_{\alpha \in [-1,1]} \sigma_\alpha(L)$$

がなりたつ．つぎの系はザイフェルト行列の定義から得られる：

系 8.3.8

(1) $\sigma(L) + n(L) \equiv r - 1 \pmod 2$ かつ $n(L) \leqq r - 1$. ここで，r は L の成分数を表す．

(2) $\sigma_\alpha(L \# L') = \sigma_\alpha(L) + \sigma_\alpha(L')$, $\sigma_\alpha(L^*) = -\sigma_\alpha(L)$, $\sigma_\alpha(-L) = \sigma_\alpha(L)$.

8.4. 第8講の補充・発展問題

問 8.4.1 連結でないようなザイフェルト曲面をもつ絡み目 L のアレクサンダー多項式 $A(L;t) = 0$ を示せ．

問 8.4.2 図 8.3 における向きを変えたプロパー絡み目 L, L' について，$\mathrm{Arf}(L) = 0$, $\mathrm{Arf}(L') = 1$ となることを示せ．

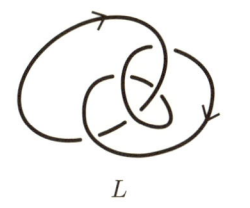

図 8.3

問 8.4.3 図 8.4 のザイフェルト曲面 F について，それぞれ $\mathrm{Arf}(F, \flat) = 0$, $\mathrm{Arf}(F, \flat') = 1$ となるような $\mathbf{Z}_2$-標準基底 $\flat, \flat'$ を与えよ．

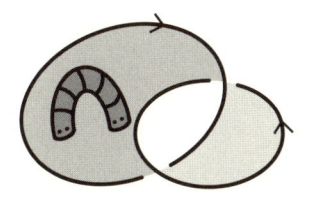

図 8.4

問 8.4.4 r 成分絡み目 L のゲーリッツ不変量 $k_*(L) = (k_1, k_2, \ldots, k_d)$ の成分の中で，偶数となるものの個数は $r-1$ となることを示せ．

問 8.4.5 (a,d) 型トーラス結び目 $T(a,d)$ のアレクサンダー多項式は

$$A(T(a,d);t) = \frac{(t-1)(t^{ad}-1)}{(t^a-1)(t^d-1)}$$

で与えられる（付録参照）．このことを用いて，$A(T(a,d);t)$ の実数上の既約対称因子 $p_\alpha(t) = t^2 - 2\alpha t + 1$ に対して $\sigma_\alpha(T(a,d)) = \pm 2$ となることを示せ．

第9講
スケイン多項式

　この講では，ジョーンズ多項式とコンウェイ多項式を拡張した絡み目の不変量であるスケイン多項式について，その係数多項式族であるスケイン多項式族の観点からその存在を示す．9.1節では，その定義式を述べ，スケイン多項式，ジョーンズ多項式，コンウェイ多項式との関係を述べる．9.2節では，ライデマイスター移動Iに関してはある規則をもって変化するような，スケイン多項式族に同値なγ-多項式族を紹介し，リコリッシュとミレットによる考え方を発展させた絡み目図式の複雑度に関する数学的帰納法により，その存在証明を行う．9.3節では，スケイン多項式族とγ-多項式族のいくつかの性質を示す．

9.1. スケイン多項式族の定義式

　スケイントリプル (D_+, D_-, D_0) において，D_+, D_-, D_0 の表す絡み目の成分数をそれぞれ r_+, r_-, r_0 で表すとき，$r_+ = r_-$ であるが，r_0 はスケイントリプルの交差点 p の状況により一定ではない．実際，つぎのようになる：

$$\delta = \frac{r_+ - r_0 + 1}{2} = \begin{cases} 0 & (p \text{ が結び目成分の交差点}) \\ 1 & (p \text{ が異なる結び目成分の間の交差点}) \end{cases}$$

交差点 p を強調するときには，δ を $\delta(p)$ で表記する．本講の主たる目標は，つぎの定理を示すことである：

定理 9.1.1　絡み目図式 D に対し，未知数 x の整係数ローラン多項式族 $c_n(D;x)$ $(n \in \mathbf{Z})$ で，つぎの (0)–(2) を満たすようなものが存在する：

(0) $c_n(D;x)$ はライデマイスター移動 I, II, III のもとで不変である．

(1) D が自明結び目の図式ならば，
$$c_n(D;x) = \delta_{n,0} = \begin{cases} 0 & (n \neq 0) \\ 1 & (n = 0) \end{cases}$$
(2) スケイントリプル (D_+, D_-, D_0) に対し，
$$-xc_n(D_+;x) + c_n(D_-;x) = (-x)^\delta c_{n-\delta}(D_0;x).$$

絡み目 L とその図式 D に対し $c_n(L;x) = c_n(D;x)$ とおくとき，このローラン多項式族 $c_n(L;x)$ $(n \in \mathbb{Z})$ は L の不変量の族になる．これを**スケイン多項式族** (family of skein polynomials) という．つぎの命題は，これらの多項式不変量は性質 (0)–(2) で特徴づけられることを示している．

命題 9.1.2 $c_n(D;x)$ $(n \in \mathbb{Z})$ は，性質 (0)–(2) だけを用いて計算できる．特に，有限個の n を除けば $c_n(D;x) = 0$ で，$n < 0$ ならば $c_n(D;x) = 0$ となる．

証明 r 成分の自明絡み目 O^r に対し
$$c_n(O^r;x) = (1-x)^{r-1}\delta_{n,0}$$
と計算される．実際，自明絡み目図式のスケイントリプル (D_+, D_-, D_0) で，$c(D_+) = c(D_-) = 1$ かつ $c(D_0) = 0$ となるようなものに (2) を適用すると，
$$c_n(O^r;x) = (1-x)c_n(O^{r-1};x)$$
となり，r に関する数学的帰納法により結果を得る．特に，$cd(D) = (0,0)$ ならば，$c_n(D;x)$ は計算される．$cd(D') < (k,m)$ となるような図式 D' について $c_n(D';x)$ が計算されたと仮定して，$cd(D) = (k,m)$ となる図式 D について $c_n(D;x)$ が計算されることを示そう．$m = 0$ ならば D は自明絡み目なので，$m > 0$ の場合を示せばよい．$d_{\boldsymbol{a}}(D) = m$ となる基点列 $\boldsymbol{a} = (a_1, a_2, \ldots, a_r)$ を選び，そのときのひずみ交差点の 1 つを p とする．その符号 $\varepsilon(p) = \pm$ とある負でない整数 m_0 に対し，
$$cd(D^p_{-\varepsilon(p)}) \leqq (k, m-1) < (k, m),$$
$$cd(D^p_0) \leqq (k-1, m_0) < (k, m)$$
となるので，仮定により $c_n(D^p_{-\varepsilon(p)};x), c_{n-\delta(p)}(D^p_0;x)$ はともに計算されており，(2) より $c_n(D;x)$ が求まる．□

未知数 y, z を使って，y, z のローラン多項式 $P(D; y, z)$ を

$$P(D; y, z) = (yz)^{-r+1} \sum_{n=0}^{+\infty} c_n(D; -y^2) z^{2n}$$

で定義する．そのとき，定理 9.1.1 はつぎのように書き換えられる：

(P0) $P(D; y, z)$ はライデマイスター移動 I, II, III のもとで不変である．

(P1) D が自明結び目の図式ならば，$P(D; y, z) = 1$．

(P2) スケイントリプル (D_+, D_-, D_0) に対し，

$$yP(D_+; y, z) + y^{-1}P(D_-; y, z) = zP(D_0; y, z).$$

命題 9.1.2 と同様な考え方で，$P(D; y, z)$ は性質 (P0)–(P2) だけを用いて計算できる．絡み目 L とその図式 D について，$P(L; y, z) = P(D; y, z)$ とおくと，$P(L; y, z)$ は L の位相不変量になるが，これを**ホンフリー多項式** (homfly polynomial)，**フリプモス多項式** (flypmoth polynomial)，**リンフトーフ多項式** (lymphtofu polynomial)，**スケイン多項式** (skein polynomial) などといわれている．ここでは，最初の3つはこの多項式不変量の存在を論文で発表した数学者 6 人あるいは 8 人の頭文字からとって名づけられたものである（lymphtofu の U は名乗り出なかった数学者 Unknown Mathematician の頭文字）．ここでは，この多項式不変量をスケイン多項式と呼ぶことにする．定義式の同一性により，

$$P(L; \mathrm{i}A^4, \mathrm{i}(A^{-2} - A^2)) = V(L; A),$$
$$P(L; \mathrm{i}, \mathrm{i}z) = \nabla(L; z)$$

がわかり，スケイン多項式はジョーンズ多項式，コンウェイ多項式を含む多項式不変量である．

9.2. スケイン多項式族が存在すること

r 成分の絡み目の図式 D に対し，交点符号和 $w(D)$ を使って

$$\gamma_n(D; y) = y^{w(D)-r+1} c_n(D; -y^2)$$

とおいて定義される y の整係数ローラン多項式 $\gamma_n(D;y)$ についてのつぎの命題は，定理 9.1.1 からすぐに得られる．

命題 9.2.1 絡み目図式 D に対し，y の整係数ローラン多項式族 $\gamma_n(D;y)$ ($n \in \mathbb{Z}$) で，つぎの (0)–(2) をみたすようなものが存在する：

(0) $\gamma_n(D;y)$ はライデマイスター移動 II, III のもとで不変であり，またライデマイスター移動 I に関しては等式

$$\gamma_n(\rotatebox{0}{$\mathrm{\rho}$};y) = y\gamma_n(\ |\ ,y)$$

$$\gamma_n(\rotatebox{0}{$\mathrm{\sigma}$};y) = y^{-1}\gamma_n(\ |\ ,y)$$

がなりたつ．ただし，この等式において，図式の描かれていない部分には同一の任意の図式があるものと考えている．

(1) D が $c(D) = 0$ となるような自明結び目の図式ならば，$\gamma_n(D;y) = \delta_{n,0}$.

(2) スケイントリプル (D_+, D_-, D_0) に対し，

$$\gamma_n(D_+;y) + \gamma_n(D_-;y) = \gamma_{n-\delta}(D_0;y)$$

がなりたつ．

逆に，命題 9.2.1 が先に与えられた場合，

$$c_n^{(2)}(D;y) = y^{-w(D)+r-1}\gamma_n(D;y)$$

とおけば，$c_n^{(2)}(D;y)$ は $x = -y^2$ とおいた定理 9.1.1 の (0)–(2) をみたし，命題 9.1.2 により，$c_n^{(2)}(D;y) = c_n(D;x)$ となることがわかる．したがって，定理 9.1.1 と命題 9.2.1 は同値な命題で，スケイン多項式 $P(D;y,z)$ は，成分数 r の絡み目の図式 D に対して，

$$P(D;y,z) = y^{-w(D)}z^{-r+1}\sum_{n=0}^{+\infty}\gamma_n(D;y)z^{2n}$$

と表される．そこで，定理 9.1.1 を証明する代わりに，命題 9.2.1 の証明を行う．以下の議論において，絡み目図式 D の表す絡み目の成分数を r で表す．

9.2. スケイン多項式族が存在すること

命題 9.2.1 の証明 基点列つき図式 $(D, \boldsymbol{a})$ に対し，$\gamma_n(D, \boldsymbol{a}; y)$ を定義し，それが $\boldsymbol{a}$ に依存しないことを示し，かつ $\gamma_n(D; y) = \gamma_n(D, \boldsymbol{a}; y)$ が命題 9.2.1 をみたすものであることを示す．$n < 0$ のとき，$\gamma_n(D; y) = \gamma_n(D, \boldsymbol{a}; y) = 0$ とおけばよいので，$n \geqq 0$ として，$n-1$ 以下ではなりたつものと仮定して議論をすすめる．$c(D) = k$ についての数学的帰納法で証明する．

$k = 0$ の場合 すべての基点列 $\boldsymbol{a}$ について，$\gamma_n(D, \boldsymbol{a}; y) = (y + y^{-1})^{r-1} \delta_{n,0}$ とおく．

数学的帰納法の仮定 $c(D') < k$ となるすべての図式 D' と基点列 $\boldsymbol{a}'$ について，$\gamma_n(D', \boldsymbol{a}'; y)$ が定義され，かつそれが $\boldsymbol{a}'$ のとり方に依存しないことが示されたと仮定する．

以下の議論において，$c(D) = k$ となるようなすべての図式 D と基点列 $\boldsymbol{a}$ について，$\gamma_n(D, \boldsymbol{a}; y)$ の存在を示す．基点列 $\boldsymbol{a} = (a_1, a_2, \ldots, a_r)$ が与えられた絡み目図式 D に対し，ある交差点で交差交換あるいはスプライスが行われて生じる図式に基点列を指定する必要がある．まず，交差交換の前と後では同じ基点列を採用する．交差点 p でのスプライスには，$\delta(p) = 0$ のときの 1 つの結び目成分図式を 2 つに分けるような**分裂スプライス** (fission splice) と，$\delta(p) = 1$ のときの 2 つの結び目成分図式を 1 つに融合するような**融合スプライス** (fusion splice) があることに注意しよう．スプライスの後の基点列は，つぎに述べるように指定する．

スプライス後の基点列の指定 D の交差点 p でスプライスを行って基点列 $\boldsymbol{a}$ から得られる図式 D_0^p の基点列 $\boldsymbol{a} * p$ をつぎのように定める．

(1) p でのスプライスが融合スプライスの場合：p が基点 a_i の結び目成分図式 D_i と基点 a_j の結び目成分図式 D_j（ただし，$i < j$ とする）の交差点とするとき $\boldsymbol{a} * p = (a_1, \ldots, a_i, \ldots, \widehat{a_j}, \ldots, a_r)$ と定める．

(2) p でのスプライスが分裂スプライスの場合：p の属する成分を (D_i, a_i) とする．p でのスプライスにより D_i から分かれた図式のうち，a_i を含む方 $D_i^{\prime(1)}$ の基点として a_i を採用し，残りの成分 $D_i^{\prime(2)}$ の基点として p を採用し，$\boldsymbol{a} * p = (a_1, \ldots, a_i, \ldots, a_r, p)$ とおく．

基点列 $\boldsymbol{a}$ でのひずみ度 $d_{\boldsymbol{a}}(D) = m$ に関する数学的帰納法により, $\gamma_n(D, \boldsymbol{a}; y)$ をつぎのように定義する:

定義 9.2.2 $m = 0$ のとき,

$$\gamma_n(D, \boldsymbol{a}; y) = y^{w(D)}(y + y^{-1})^{r-1}\delta_{n,0}$$

とおき, $m > 0$ のときには, $(D, \boldsymbol{a})$ の任意のひずみ交差点 p とその符号 $\varepsilon(p) = \pm$ に対し $d_{\boldsymbol{a}}(D^p_{-\varepsilon(p)}) = m - 1$ と $c(D^p_0) = k - 1$ に注意して,

$$\gamma_n(D, \boldsymbol{a}; y) = -\gamma_n(D^p_{-\varepsilon(p)}, \boldsymbol{a}; y) + \gamma_{n-\delta(p)}(D^p_0, \boldsymbol{a} * p; y)$$

とおく.

まず, つぎの補題を示そう.

補題 9.2.3 $m > 0$ のとき, $\gamma_n(D, \boldsymbol{a}; y)$ は $(D, \boldsymbol{a})$ のひずみ交差点 p のとり方によらない.

証明 q を p と異なる $(D, \boldsymbol{a})$ のひずみ交差点とする.

$$-\gamma_n(D^p_{-\varepsilon(p)}, \boldsymbol{a}; y) + \gamma_{n-\delta(p)}(D^p_0, \boldsymbol{a} * p; y) \tag{9.1}$$

$$= -\gamma_n(D^q_{-\varepsilon(q)}, \boldsymbol{a}; y) + \gamma_{n-\delta(q)}(D^q_0, \boldsymbol{a} * q; y) \tag{9.2}$$

を示せばよい. $d_{\boldsymbol{a}}(D^p_{-\varepsilon(p)}) < m$, で, q は $(D^p_{-\varepsilon(p)}, \boldsymbol{a})$ のひずみ交差点であるから, 数学的帰納法の仮定により

$$\gamma_n(D^p_{-\varepsilon(p)}, \boldsymbol{a}; y) = -\gamma_n((D^p_{-\varepsilon(p)})^q_{-\varepsilon(q)}, \boldsymbol{a}; y)$$
$$+ \gamma_{n-\delta(q)}((D^p_{-\varepsilon(p)})^q_0, \boldsymbol{a} * q; y)$$

がなりたつ. $\delta(p) = 0$ のときには, q は $(D^p_0, \boldsymbol{a} * p)$ または $((D^p_0)^q_{-\varepsilon(q)}, \boldsymbol{a} * p)$ のひずみ交差点で, これらの図式の交差数は k より小さいので, 数学的帰納法の仮定により

$$\gamma_{n-\delta(p)}(D^p_0, \boldsymbol{a} * p; y) + \gamma_{n-\delta(p)}((D^p_0)^q_{-\varepsilon(q)}, \boldsymbol{a} * p; y)$$
$$= \gamma_{n-\delta(p)-\delta'(q)}((D^p_0)^q_0, (\boldsymbol{a} * p) * q; y)$$

がなりたつ．ただし，$\delta'(q)$ は D_0^p における $\delta(q)$ を表す．$\delta(p)=1$ のときには，$\gamma_{n'}(D', \boldsymbol{a}'; y)$ $(n'<n)$ は $\boldsymbol{a}'$ に依存しないので，q をひずみ交差点とするような基点列 $\boldsymbol{a}'$ を選択することにより，このときにもこの等式がなりたつ．これらの等式を (9.1) に代入して，

$$(9.1) = \gamma_n((D^p_{-\varepsilon(p)})^q_{-\varepsilon(q)}, \boldsymbol{a}; y) - \gamma_{n-\delta(q)}((D^p_{-\varepsilon(p)})^q_0, \boldsymbol{a}*q; y)$$
$$- \gamma_{n-\delta(p)}((D_0^p)^q_{-\varepsilon(q)}, \boldsymbol{a}*p; y) + \gamma_{n-\delta(p)-\delta'(q)}((D_0^p)^q_0, (\boldsymbol{a}*p)*q; y)$$

となる．p と q の役割を交代した同様の議論から，(9.2) はつぎのようになる：

$$(9.2) = \gamma_n((D^q_{-\varepsilon(q)})^p_{-\varepsilon(p)}, \boldsymbol{a}; y) - \gamma_{n-\delta(p)}((D^q_{-\varepsilon(q)})^p_0, \boldsymbol{a}*p; y)$$
$$- \gamma_{n-\delta(q)}((D_0^q)^p_{-\varepsilon(p)}, \boldsymbol{a}*q; y) + \gamma_{n-\delta(q)-\delta'(p)}((D_0^q)^p_0, (\boldsymbol{a}*q)*p; y)$$

$\mu, \nu \in \{\pm, 0\}$ に対し $(D_\mu^p)_\nu^q = (D_\nu^q)_\mu^p$ となること，$c(D') < k$ のとき $\gamma_n(D', \boldsymbol{a}'; y)$ が $\boldsymbol{a}'$ に依存しないこと，および $\delta(p) + \delta'(q) = \delta(q) + \delta'(p)$ に注意すれば，(9.1) = (9.2) が得られる．□

こうして，$c(D) = k$ となるような図式 D と基点列 $\boldsymbol{a}$ に対して $\gamma_n(D, \boldsymbol{a}; y)$ の存在が示されたことになる．つぎに，$\gamma_n(D, \boldsymbol{a}; y)$ は基点列 $\boldsymbol{a}$ のとり方によらないことを示そう．図式 D の基点列 $\boldsymbol{a} = (a_1, a_2, \ldots, a_r)$ と $\boldsymbol{a}' = (a'_1, a'_2, \ldots, a'_r)$ が与えられたとき，各 i について a_i と a'_i が D の同じ結び目成分図式に属しているならば，それらは **連結** (connected) であるという．

補題 9.2.4 $\gamma_n(D, \boldsymbol{a}; y)$ は，連結な基点列 $\boldsymbol{a}$ のとり方によらない．

証明 図 9.1 のような a_i, a'_i をもつ D の基点列 $\boldsymbol{a} = (a_1, a_2, \ldots, a_i, \ldots, a_r)$, $\boldsymbol{a}' = (a_1, a_2, \ldots, a'_i, \ldots, a_r)$ に対し，$\gamma_n(D, \boldsymbol{a}; y) = \gamma_n(D, \boldsymbol{a}'; y)$ を示せば十分である．p 以外では，$(D, \boldsymbol{a})$ と $(D, \boldsymbol{a}')$ のひずみ交差点は一致することに注意して，q をそのようなひずみ交差点とするとき，

$$\gamma_n(D, \boldsymbol{a}; y) + \gamma_n(D^q_{-\varepsilon(q)}, \boldsymbol{a}; y) = \gamma_{n-\delta(q)}(D_0^q, \boldsymbol{a}*q; y)$$
$$\gamma_n(D, \boldsymbol{a}'; y) + \gamma_n(D^q_{-\varepsilon(q)}, \boldsymbol{a}'; y) = \gamma_{n-\delta(q)}(D_0^q, \boldsymbol{a}'*q; y)$$

がなりたつ．$c(D_0^q) = k-1$ だから，数学的帰納法の仮定から

$$\gamma_{n-\delta(q)}(D_0^q, \boldsymbol{a}*q; y) = \gamma_{n-\delta(q)}(D_0^q, \boldsymbol{a}'*q; y)$$

128　第9講　スケイン多項式

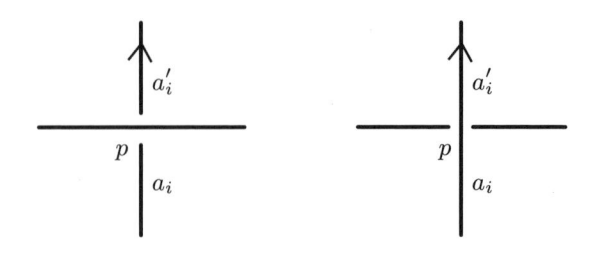

図 9.1

となるので,
$$\gamma_n(D, \boldsymbol{a}; y) - \gamma_n(D, \boldsymbol{a}'; y) = \gamma_n(D^q_{-\varepsilon(q)}, \boldsymbol{a}'; y) - \gamma_n(D^q_{-\varepsilon(q)}, \boldsymbol{a}; y)$$

がなりたつ. したがって, 必要ならば交差交換を繰り返すことで, D はつぎのいずれかをみたすものに変形できる:

(1) $\delta(p) = 1, d_{\boldsymbol{a}}(D) = d_{\boldsymbol{a}'}(D) = 0$.

(2) $\delta(p) = 0, d_{\boldsymbol{a}}(D) = 1, d_{\boldsymbol{a}'}(D) = 0$.

(3) $\delta(p) = 0, d_{\boldsymbol{a}}(D) = 0, d_{\boldsymbol{a}'}(D) = 1$.

(1) の場合, $\gamma_n(D, \boldsymbol{a}; y) = y^{w(D)}(y+y^{-1})^{r-1}\delta_{n,0} = \gamma_n(D, \boldsymbol{a}'; y)$ である. (2) の場合には, $c(D^p_0) = k-1$ で, 基点列 $\boldsymbol{a}'' = (a_1, \ldots, a'_i, p, a_{i+1}, \ldots, a_r)$ に関して $d_{\boldsymbol{a}''}(D^p_0) = 0$ となるから, 数学的帰納法の仮定における基点列の独立性により

$$\gamma_n(D^p_0, \boldsymbol{a} * p; y) = \gamma_n(D^p_0, \boldsymbol{a}''; y) = y^{w(D)-\varepsilon(p)1}(y+y^{-1})^r\delta_{n,0}$$

となる. さらに, $d_{\boldsymbol{a}}(D^p_{-\varepsilon(p)}) = 0$ であることを使うと,

$$\begin{aligned}\gamma_n(D, \boldsymbol{a}; y) &= -\gamma_n(D^p_{-\varepsilon(p)}, \boldsymbol{a}; y) + \gamma_n(D^p_0, \boldsymbol{a} * p; y) \\ &= -y^{w(D)-\varepsilon(p)2}(y+y^{-1})^{r-1}\delta_{n,0} \\ &\quad + y^{w(D)-\varepsilon(p)1}(y+y^{-1})^r\delta_{n,0} \\ &= y^{w(D)}(y+y^{-1})^{r-1}\delta_{n,0} = \gamma_n(D, \boldsymbol{a}'; y)\end{aligned}$$

となる. (3) の場合には, $\boldsymbol{a}$ と $\boldsymbol{a}'$ の役割を変えて, (2) と同様な議論を行えば, $\gamma_n(D, \boldsymbol{a}'; y) = \gamma_n(D, \boldsymbol{a}; y)$ を得る. □

$(D, \boldsymbol{a})$ を D のライデマイスター移動により変形したものを $(D', \boldsymbol{a})$ で表すことにする. 補題 9.2.4 により, $\gamma_n(D', \boldsymbol{a}; y)$ は意味をもつ.

補題 9.2.5 $\gamma_n(D, \boldsymbol{a}; y)$ は, $c(D) \leqq k$ をみたす図形 D の間のライデマイスター移動 II, III で不変であり, かつライデマイスター移動 I では

$$\gamma_n(\raisebox{-0.5ex}{\includegraphics[height=2ex]{loop1}}, \boldsymbol{a}; y) = y\gamma_n(|, \boldsymbol{a}; y),$$

$$\gamma_n(\raisebox{-0.5ex}{\includegraphics[height=2ex]{loop2}}, \boldsymbol{a}; y) = y^{-1}\gamma_n(|, \boldsymbol{a}; y)$$

が成り立つ.

証明 $(D, \boldsymbol{a})$ の適当な修正により, ライデマイスター移動 I, II, III で変形されたもの $(D', \boldsymbol{a})$ に対して, それらのひずみ交差点は自然に 1 対 1 に対応していることを示そう.

(1) **ライデマイスター移動 I の場合** 補題 9.2.4 を使い基点 a_i を図 9.2 のように定めると, $(D, \boldsymbol{a})$ と $(D', \boldsymbol{a})$ のひずみ交差点は自然に 1 対 1 に対応する. ライデマイスター移動 I に現れるひねり数 ± 1 を τ で表す.

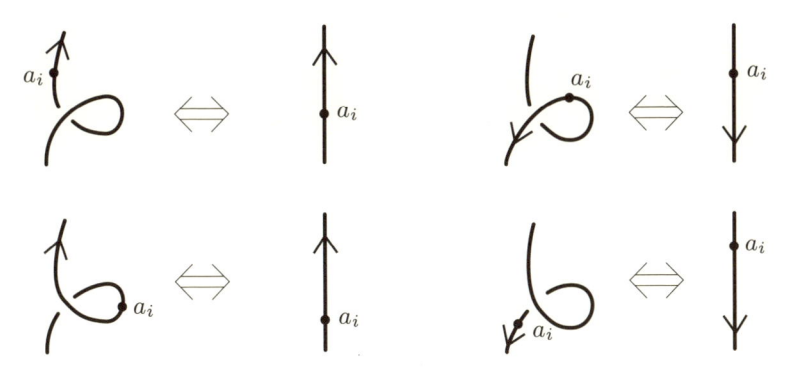

図 9.2

(2) **ライデマイスター移動 II の場合** まず, ライデマイスター移動 II に現れる 2 つのひもが異なる D の結び目成分図式に属している場合に, 図 9.3 の a のよ

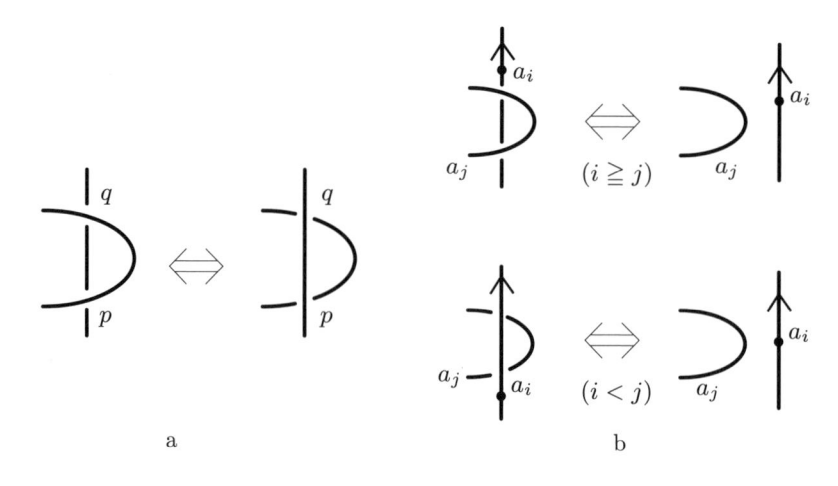

図 9.3

うな移動 $D \Leftrightarrow D'$ で $\gamma_n(D, \boldsymbol{a}; y)$ が不変であることを示そう．図 9.3 の a の交差点 p, q について，

$$\gamma_n(D, \boldsymbol{a}; y) = \gamma_n(D', \boldsymbol{a}; y) + \gamma_{n-1}(D_0^p, \boldsymbol{a} * p; y)$$
$$- \gamma_{n-1}((D_{-\varepsilon(p)}^p)_0^q, \boldsymbol{a} * q; y)$$

と計算されるが，$D_0^p = (D_{-\varepsilon(p)}^p)_0^q$ と γ_{n-1} の性質により，

$$\gamma_{n-1}(D_0^p, \boldsymbol{a} * p; y) = \gamma_{n-1}((D_{-\varepsilon(p)}^p)_0^q, \boldsymbol{a} * q; y)$$

がなりたち，$\gamma_n(D, \boldsymbol{a}; y) = \gamma_n(D', \boldsymbol{a}; y)$ が示される．この結果により，基点列 $\boldsymbol{a}$ にあわせてライデマイスター移動 II に現れる 2 つのひもの上下を修正できる．実際，補題 9.2.4 を使い基点 a_i を図 9.3 の b のように定めると，$(D, \boldsymbol{a})$ と $(D', \boldsymbol{a})$ のひずみ交差点は自然に 1 対 1 に対応する．

(3) ライデマイスター移動 III の場合 図 9.4 のように，補題 9.2.4 を使い基点 a_i を定め，かつ p, q のような交差点の対応を与えると，$(D, \boldsymbol{a})$ と $(D', \boldsymbol{a})$ のひずみ交差点は自然に 1 対 1 に対応する．

上記 (1)–(3) の組 $(D, D'; \boldsymbol{a})$ に対し，$d_{\boldsymbol{a}}(D') = m$ についての数学的帰納法で

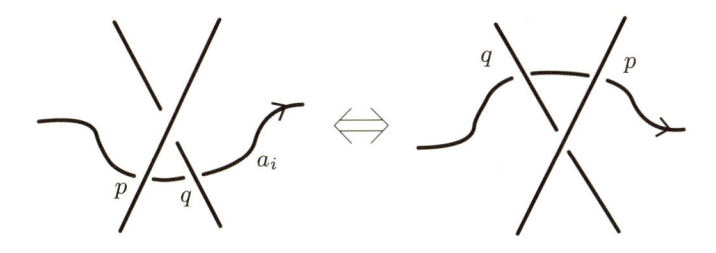

9.2. スケイン多項式族が存在すること   131

図 9.4

結果を示そう．$m = 0$ ならば，

$$\gamma_n(D, \boldsymbol{a}; y) = y^{w(D)}(y + y^{-1})^{r-1} = y^{w(D')}(y + y^{-1})^{r-1} = \gamma_n(D', \boldsymbol{a}; y)$$

となり，結果はなりたつ．$d_{\boldsymbol{a}_1}(D_1') < m$ となるような上記 (1)–(3) の組 $(D_1, D_1'; \boldsymbol{a}_1)$ に対し結果がなりたつと仮定しよう．$(D, \boldsymbol{a})$ と $(D', \boldsymbol{a})$ の対応するひずみ交差点 p について，

$$\gamma_n(D, \boldsymbol{a}; y) = -\gamma_n(D^p_{-\varepsilon(p)}, \boldsymbol{a}; y) + \gamma_{n-\delta(p)}(D^p_0, \boldsymbol{a} * p; y),$$
$$\gamma_n(D', \boldsymbol{a}; y) = -\gamma_n((D')^p_{-\varepsilon(p)}, \boldsymbol{a}; y) + \gamma_{n-\delta(p)}((D')^p_0, \boldsymbol{a} * p; y)$$

となるが，$(D^p_{-\varepsilon(p)}, (D')^p_{-\varepsilon(p)}, \boldsymbol{a})$ はそれぞれ上記 (1)–(3) の組であり，かつ $d_{\boldsymbol{a}}((D')^p_{-\varepsilon(p)}) < m$ であるから，上記 (2), (3) に関しては

$$\gamma_n(D^p_{-\varepsilon(p)}, \boldsymbol{a}; y) = \gamma_n((D')^p_{-\varepsilon(p)}, \boldsymbol{a}; y)$$

がなりたち，上記 (1) に関しては

$$\gamma_n(D^p_{-\varepsilon(p)}, \boldsymbol{a}; y) = y^\tau \gamma_n((D')^p_{-\varepsilon(p)}, \boldsymbol{a}; y)$$

がなりたつ．p が (3) の組の図 9.4 の中の交差点でなければ，$(D^p_0, (D')^p_0, \boldsymbol{a} * p)$ はそれぞれ $k - 1$ 以下の交差数での (1)–(3) の組であり，k に関する数学的帰納法により，(2), (3) の組に関しては

$$\gamma_{n-\delta(p)}(D^p_0, \boldsymbol{a} * p; y) = \gamma_{n-\delta(p)}((D')^p_0, \boldsymbol{a} * p; y)$$

がなりたち，(1) の組に関しては

$$\gamma_{n-\delta(p)}(D^p_0, \boldsymbol{a} * p; y) = y^\tau \gamma_{n-\delta(p)}((D')^p_0, \boldsymbol{a} * p; y)$$

がなりたつ．p が (3) の組の図 9.4 の中の交差点のときには，$(D_0^p, \boldsymbol{a} * p)$ と $((D')_0^p, \boldsymbol{a} * p)$ は同じ図形かあるいは，$k-1$ 以下の交差数でのライデマイスター移動 II を 2 回使うと互いに移りあう図形である．よって，k に関する数学的帰納法により，このときも，

$$\gamma_{n-\delta(p)}(D_0^p, \boldsymbol{a} * p; y) = \gamma_{n-\delta(p)}((D')_0^p, \boldsymbol{a} * p; y)$$

がなりたつ．よって，$(D, D'; \boldsymbol{a})$ が (2), (3) の組のときには

$$\gamma_n(D, \boldsymbol{a}; y) = \gamma_n(D', \boldsymbol{a}; y)$$

となり，それが (1) の組のときには

$$\gamma_n(D, \boldsymbol{a}; y) = y^\tau \gamma_n(D', \boldsymbol{a}; y)$$

となる．□

つぎの補題が命題 9.2.1 の証明のための最後の補題である．

補題 9.2.6 $\gamma_n(D, \boldsymbol{a}; y)$ は $\boldsymbol{a}$ に依存しない．

証明 $d(D) = m$ となる図式 D についての数学的帰納法で主張を示す．まず $m = 0$ とする．D の絡み目成分数を r とするとき，$r = 1$ ならば補題 9.2.4 より主張が示されているので，$r \geqq 2$ とする．このとき，ライデマイスター移動 I, II の交差数を減じる操作とライデマイスター移動 III を使って，D を交差点を持たない自明ループ O と $d(D_1) = 0$ となるような図式 D_1 の直和に変形できる（問 2.4.5）．D の任意の基点列 $\boldsymbol{a}$ を D_1 へ制限したものを $\boldsymbol{a}_1$，および $w_0 = w(D) - w(D_1)$ とおけば，補題 9.2.5 と γ_n の定義により

$$\gamma_n(D, \boldsymbol{a}; y) = y^{w_0}(y + y^{-1})\gamma_n(D_1, \boldsymbol{a}_1; y)$$

となる．$\gamma_n(D_1, \boldsymbol{a}_1; y)$ に同様な議論を行えば，結局 $\gamma_n(D, \boldsymbol{a}; y) = y^{w(D)}(y + y^{-1})^{r-1}\delta_{n,0}$ となることがわかり，$m = 0$ のとき主張がなりたつ．つぎに $d(D') < m$ となるような図式 D' については主張がなりたつと仮定して，$d(D) = d_{\boldsymbol{a}'}(D) = m$ となる D と $\boldsymbol{a}'$ を考える．p を $(D, \boldsymbol{a}')$ のひずみ交差点とする．D の任意の基点列 $\boldsymbol{a}$ についての等式

$$\gamma_n(D, \boldsymbol{a}; y) = -\gamma_n(D^p_{-\varepsilon(p)}, \boldsymbol{a}; y) + \gamma_{n-\delta(p)}(D_0^p, \boldsymbol{a} * p; y)$$

において
$$d(D^p_{-\varepsilon(p)}) \leqq d_{\boldsymbol{a}'}(D^p_{-\varepsilon(p)}) < m, \ c(D^p_0) < k$$
だから，数学的帰納法により右辺は $\boldsymbol{a}$ によらず一定であり，その結果，$\gamma_n(D, \boldsymbol{a}; y)$ は $\boldsymbol{a}$ によらない．□

こうして，すべての図式 D について命題 9.2.1 をみたす $\gamma_n(D; y)$ の存在がわかり，命題 9.2.1 の証明が完成する．□

9.3. スケイン多項式族の性質

この節の主目的は，命題 9.3.1 を示すことであるが，そこでの記号の意味についてまず確認しておく．r 成分の絡み目 L の絡み目図式 D に対し，$D_i (i=1,2,\ldots,r)$ を D の結び目成分図式とする．D の鏡像を $\bar{D}$，すべての成分の向きを逆転したものを $-D$ とする．別の絡み目図式 D' に対し，D と D' の直和を $D+D'$，連結和を $D\#D'$ で表す．また，D が連結図式でない場合には，$g(D)$ により D の自然なザイフェルト曲面の種数の総和を表すことにする．このとき，つぎの命題（命題 9.3.1）がなりたつ．

命題 9.3.1

(1) $\gamma_n(D+D'; y) = (y+y^{-1})\gamma_n(D\#D'; y)$,
   $\gamma_n(D\#D'; y) = \sum_{p+q=n} \gamma_p(D; y) \cdot \gamma_q(D'; y)$.

(2) $\gamma_0(D; y) = (y+y^{-1})^{r-1}(-1)^{\mathrm{Link}(D)}\gamma_0(D_1; y)\gamma_0(D_2; y)\cdots\gamma_0(D_r; y)$.
   $\gamma_0(D_i; \mathrm{i}) = \mathrm{i}^{w(D_i)} \ (i=1,2,\ldots,r)$.

(3) $\gamma_n(\bar{D}; y) = \gamma_n(D; y^{-1}), \quad \gamma_n(-D; y) = \gamma_n(D; y)$.

(4) $\sum_{n=0}^{+\infty} \gamma_n(D; y)(y+y^{-1})^{2n} = y^{w(D)}(y+y^{-1})^{r-1}$.

(5) $n > g(D) + r - 1$ ならば，$\gamma_n(D; x) = 0$.
   $-(s(D)-1) \leqq \underline{\deg}\,\gamma_n(D; y) \leqq \overline{\deg}\,\gamma_n(D; y) \leqq s(D)-1$.

r 成分の絡み目 L の連結絡み目図式 D に対し，
$$\Theta(D) = \frac{(r-1)-w(D)+(s(D)-1)}{2},$$

$$\theta(D) = \frac{(r-1) - w(D) - (s(D)-1)}{2}$$

とおく．ただし，$s(D)$ は D のザイフェルト円周の数を表す．これらの数は整数である．実際，問 7.4.5 から $2g(D) = 2 + c(D) - r - s(D)$ となる．よって，$s(D) - c(D) \equiv s(D) - w(D) \pmod 2$ から

$$(r-1) - w(D) \pm (s(D)-1) \equiv 2g(D) \equiv 0 \pmod 2$$

となる．また

$$0 \leqq \Theta(D) - \theta(D) \leqq s(D) - 1$$

がなりたつことに注意しよう．L のすべての連結絡み目図式 D に対し，$\Theta(D)$ の最小値を $\Theta(L)$，$\theta(D)$ の最大値を $\theta(L)$ で表すことにする．つぎの系に示されているように，命題 9.3.1 は $\Theta(D)$ は下に有界，$\theta(D)$ は上に有界で，$\Theta(L) \geqq \theta(L)$ となることを含んでいる．また，$s(D)$ の最小値を $s(L)$ で表す．$c_n(D; -y^2) = y^{r-1-w(D)} \gamma_n(D; y)$ であることを使えば，つぎの系は命題 9.3.1 から直接得られる．

系 9.3.2 L を r 成分の絡み目とし，K_i ($i = 1, 2, \ldots, r$) をその結び目成分とする．L の鏡像を $\bar{L}$ とする．別の絡み目 L' に対し，L と L' の分離和を $L + L'$，連結和を $L \# L'$ で表すとき，つぎの (1)–(5) がなりたつ．

(1) $c_n(L + L'; x) = (1 - x) c_n(L \# L'; x)$,
$c_n(L \# L'; x) = \sum_{n'+n''=n} c_{n'}(L; x) c_{n''}(L'; x)$.

(2) $c_0(L; x) = (1-x)^{r-1} x^{-\operatorname{Link}(L)} c_0(K_1; x) c_0(K_2; x) \ldots c_0(K_r; x)$,
$c_0(K_i; 1) = 1$ ($i = 1, 2, \ldots, r$).

(3) $c_n(\bar{L}; x) = (-x)^{r-1} c_n(L; x^{-1})$.

(4) $\sum_{n=0}^{+\infty} c_n(L; x)(2 - x - x^{-1})^n = (1-x)^{r-1}$.

(5) (i) $n > g_c(L) + r - 1$ のとき，$c_n(L; x) = 0$．
   (ii) $\theta(L) \leqq \underline{\deg}\, c_n(L; x) \leqq \overline{\deg}\, c_n(L; x) \leqq \Theta(L)$．

(5) はモートン，フランクス・ウイリアムスの不等式 (Morton, Franks-Williams inequalities) とよばれているものの別の定式化である．(5) の (ii) から有用な

不等式

$$\max_{0 \leqq n < +\infty} \overline{\deg} c_n(L;x) - \min_{0 \leqq n < +\infty} \underline{\deg} c_n(L;x) \leqq s(L) - 1$$

が得られる．

命題 9.3.1 の証明 (1) を示すためには，$c(D_+) = c(D_-) = 1$ となるようなスケイントリプル (D_+, D_-, D_0) を D のところに挿入すると，$c(D) = 0$ の場合になりたつことがわかる．一般の場合は，$cd(D)$ に関する数学的帰納法により示せる．(2) は D_i ($i = 1, 2, \ldots, r$) の分離和を D' で表すと，定義式より $\gamma_0(D;y) = (-1)^{\mathrm{Link}(D)}\gamma_0(D';y)$ となるので，(1) より得られる．(3) について，$cd(D)$ に関する数学的帰納法で示そう．$cd(D) = (0,0)$ のとき定義よりなりたつので，$cd(D') < (k,m)$ をみたすような D' についてなりたつものと仮定し，$cd(D) = (k,m)$ となるような D を考える．$m = 0$ のとき，

$$\gamma_n(\bar{D}, \boldsymbol{a}; y) = y^{-w(D)}(y + y^{-1})^{r-1}\delta_{n,0} = \gamma_n(D, \boldsymbol{a}; y^{-1})$$

となってなりたつ．$m > 0$ のとき，適当な交差点 p に対し，$cd(D^p_{-\varepsilon(p)}) < (k,m)$，$cd(D^p_0) < (k,m)$ で，

$$\gamma_n(D; y^{-1}) = -\gamma_n(D^p_{-\varepsilon(p)}; y^{-1}) + \gamma_{n-\delta(p)}(D^p_0; y^{-1}),$$
$$\gamma_n(\bar{D}; y) = -\gamma_n(\overline{D^p_{-\varepsilon(p)}}; y) + \gamma_{n-\delta(p)}(\overline{D^p_0}; y)$$

であるから，数学的帰納法の仮定からこれらの等式の右辺は等しくなり，$\gamma_n(\bar{D};y) = \gamma_n(D;y^{-1})$ を得る．$\gamma_n(-D;y) = \gamma_n(D;y)$ についても同様の議論から得られる．(4) は両辺とも同じ定義式をみたすことからわかる．(5) は $cd(D)$ に関する数学的帰納法で示そう．$cd(D) = (0,0)$ ならば，$g(D) = 0$, $s(D) = r$, かつ $\gamma_n(D;y) = (y + y^{-1})^{r-1}\delta_{n,0}$ なのでなりたつ．$cd(D) = (k,m)$ とし，$cd(D') < (k,m)$ となるような図式 D' についてはなりたつと仮定する．$m = 0$ のとき，$\gamma_n(D;y) = y^{w(D)}(y + y^{-1})^{r-1}\delta_{n,0}$ なので，$\gamma_n(D;y) = 0$ ($n > g(D) + r - 1$) はなりたつ．また，D は適当な交差点 p でのスプライスによりつぎのような 2 つの図式 D_1 と D_2 に分かれることに注意しよう：すなわち，D_1 は $c(D_1) = 0$ となる自明なループで $d(D_2) = 0$ となり，かつ D_1 と D_2 は横断的に交わり，各交差点では D_1 の方が上方にある．数学的帰納法の仮定により，

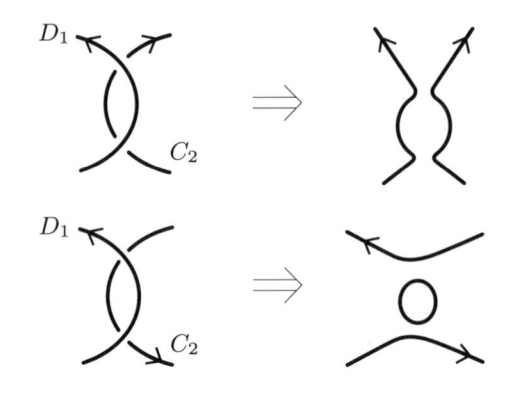

図 **9.5**

$|w(D_2)+r-1| \leqq s(D_2)-1$ となり, $|w(D)+r-1| = |w(D_2)\pm 1+r-1| \leqq s(D_2)$ がなりたつ. D_2 をスプライスすることにより得られる単純ループの和を C_2 で表すとき, $D_1 \cup C_2$ をスプライスすることにより得られる単純ループの数は $s(D)$ に等しい. 図式 $D_1 \cup C_2$ に交差点があるとすれば, 図 9.5 の左側のような個所が必ず見つかるが, そこでのスプライスを行えば図 9.5 の右側のようになり, $s(D) \geqq s(D_2)+1$ がわかる. よって, $|w(D)+r-1| \leqq s(D)-1$ となり,

$$-(s(D)-1) \leqq \underline{\deg}\,\gamma_n(D;y) \leqq \overline{\deg}\,\gamma_n(D;y) \leqq s(D)-1$$

が示される. $m > 0$ のとき, D の適当な交差点 p に関して,

$$cd(D^p_{-\varepsilon(p)}) < (k,m), \quad cd(D^p_0) < (k,m),$$
$$\gamma_n(D;y) = -\gamma_n(D^p_{-\varepsilon(p)};y) + \gamma_{n-\sigma(p)}(D^p_0;y)$$

となる. $g(D) = g(D^p_{-\varepsilon(p)})$, $s(D) = s(D^p_{-\varepsilon(p)}) = s(D^p_0)$ に注意しよう. まず前半の不等式を示そう. D の互いに交わらない連結図式の個数を $u(D)$, 絡み目の成分数を $r(D)$ で表すとき,

$$g(D)+r(D)-1 = u(D) + \frac{-s(D)+c(D)+r(D)}{2} - 1,$$
$$g(D^p_0)+r(D^p_0)-1 = u(D^p_0) + \frac{-s(D^p_0)+c(D^p_0)+r(D^p_0)}{2} - 1$$

となる. $\delta(p)=1$, または $\delta(p)=0$ かつ $u(D^p_0)=u(D)$ のとき $g(D^p_0)+r(D^p_0)-1 \leqq g(D)+r(D)-1$ となり, 数学的帰納法の仮定により $n > g(D)+r(D)-1$

ならば $\gamma_n(D; y) = 0$ となる．$\delta(p) = 0$ かつ $u(D_0^p) = u(D) + 1$ のときには，D は p でのスプライスで 2 つの図式 $D^{(i)}$ ($i = 1, 2$) に分けられると考えてよい．そのとき，$g(D) = g(D^{(1)}) + g(D^{(2)})$, $r(D) = r(D^{(1)}) + r(D^{(2)}) - 1$ から，

$$g(D) + r(D) - 1 \geqq \max\{g(D_1) + r(D_1) - 1, g(D_2) + r(D_2) - 1\}$$

となる．(1) より

$$\gamma_n(D) = y^{\varepsilon(p)} \sum_{n'+n''=n} \gamma_{n'}(D^{(1)}; y) \gamma_{n''}(D^{(2)}; y)$$

だから，数学的帰納法の仮定により，$n > g(D) + r(D) - 1$ ならば $\gamma_n(D) = 0$ となる．後半の不等式は，数学的帰納法の仮定により

$$\underline{\deg} \gamma_n(D; y) \geqq \min\{\underline{\deg} \gamma_n(D^p_{-\varepsilon(p)}; y), \underline{\deg} \gamma_{n-\sigma p}(D_0^p; y)\} \geqq -(s(D) - 1)$$
$$\overline{\deg} \gamma_n(D; y) \leqq \max\{\overline{\deg} \gamma_n(D^p_{-\varepsilon(p)}; y), \overline{\deg} \gamma_{n-\sigma(p)}(D_0^p; y)\} \leqq s(D) - 1$$

となることからわかる．□

計算例を示す．

例 9.3.3 (1) ホップの絡み目 H^+, H^- について，

$$c_n(H^+; x) = x^{-1}(1-x)\delta_{n,0} + \delta_{n,1},$$
$$c_n(H^-; x) = x(1-x)\delta_{n,0} - x\delta_{n,1}$$

となる．これは定義式からすぐ得られる．

(2) ツイスト結び目 K_m については，

$$c_n(K_m; x) = \begin{cases} (x^{-\frac{m}{2}} + x - x^{\frac{2-m}{2}})\delta_{n,0} + \dfrac{1 - x^{-\frac{m}{2}}}{1 - x^{-1}}\delta_{n,1} & (m : 偶数) \\ (x^{-\frac{m+1}{2}} + x^{-1} - x^{-\frac{m+3}{2}})\delta_{n,0} + \dfrac{1 - x^{-\frac{m+1}{2}}}{1 - x}\delta_{n,1} & (m : 奇数) \end{cases}$$

となる．実際，m が偶数で正のとき，m 交点が連なる個所に定義式を適用して，

$$xc_n(K_m; x) = c_n(K_{m-2}; x) - c_n(H^-; x)$$

がなりたつ．$c_n(H^-; x)$ は (1) よりわかるから，数学的帰納法によりこの

場合は得られる．m が偶数で負のときは，

$$c_n(K_m;x) = xc_n(K_{m+2};x) + c_n(H^-;x)$$

となることに注意すれば，上記の等式を得る．n が奇数がときには，$\bar{K}_n = K_{-n-1}$ であるから，系 9.3.2 の (3) と n が偶数のときの計算から，上のように計算される．この計算式からも，$K_0 = K_{-1}$, $\bar{K}_2 = K_2 = \bar{K}_{-3} = K_{-3}$ の場合を除けば，すべての n で K_n は相異なることが示せる（問 9.4.2, 3.2 節，例 6.3.4 参照）．

9.4. 第9講の補充・発展問題

問 9.4.1 $(2, 2m+1)$ 型トーラス結び目 $K(2, 2m+1)$ の 0 番スケイン多項式は $c_0(K(2,2m+1);x) = (m+1)x^{-m} - mx^{-m-1}$ となることを示せ．

問 9.4.2 例 9.3.3 のツイスト結び目 K_n のスケイン多項式 $c_0(K_n;x)$ の計算結果を使って，$K_0 = K_{-1}$, $\bar{K}_2 = K_2 = \bar{K}_{-3} = K_{-3}$ の場合を除けば，すべての n で K_n は相異なることを示せ．

問 9.4.3 $f(1) = 1$, $f'(1) = 0$, $\deg f(x) = 1$ となるような x の整係数ローラン多項式 $f(x)$ に対し，$c_0(K;x) = f(x)$ となるような結び目 K が存在することを示せ．

問 9.4.4 p を任意の整数として，図 9.6 に示された交差数 $4|p|+8$ の結び目 $k(p)$ を考える．

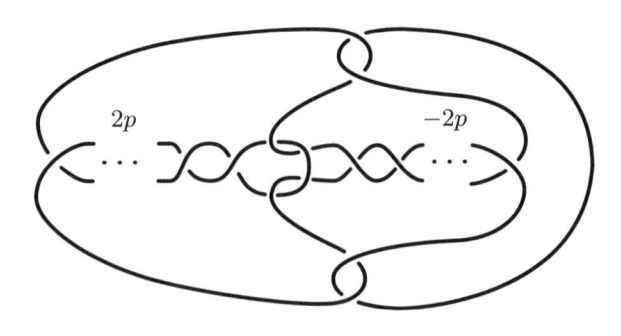

図 9.6

(1) すべての p について，結び目 $k(p)$ は $k(-p)$ に同型であることを示せ．
(2) p の値にかかわらず，
$$c_n(K(p);x) = (x+x^{-1}-1)^2\delta_{n,0} + 2(x+x^{-1}-1)\delta_{n,1} + \delta_{n,2}$$
となることを示せ．
(3) $k(p)$ $(p=0,1,2,\ldots)$ は互いに同型でないことを示せ．

第10講
絡み目の分類

この講では，まず整数の格子点全体に自然な整列順序を導入する．絡み目のブレイド表示を利用して，整数の格子点に絡み目を一意的に対応させる．この対応は全射的であるので，自然な整列順序を利用すると，逆に（鏡像であるかどうかおよびひもの向きを考えないような）絡み目に整数の格子点を一意的に対応させることができ，絡み目を小さい方から順に並べることができる．10.1 節では絡み目の閉ブレイドとしての表示から整数格子点表示を構成する．整数格子点全体に整列順序を導入し，その結果として向きを忘れた絡み目の集合に整列順序を導入する．10.2 節では擬似素絡み目の概念を導入し，その分類の仕方を説明する．10.3 節では，実際に第9講までの議論を利用して，格子点の長さ 8 までの擬似素絡み目を最初から並べた表を示す．既知の素な絡み目の分類表との比較により，格子点の長さ 8 までの擬似素絡み目はすべて素な絡み目であることがわかる．

10.1. ブレイド表示から整数格子点表示へ

整数全体の集合 $\boldsymbol{Z}$ の n 個の積集合 $\boldsymbol{Z}^n$ に対し，集合
$$\mathbb{X} = \coprod_{n=1}^{+\infty} \boldsymbol{Z}^n = \{(x_1, x_2, \ldots, x_n) \mid x_i \in \boldsymbol{Z},\ n = 1, 2, \ldots\}$$
の元を**整数格子点** (integral lattice point) あるいは単に，**格子点** (lattice point) という．$\mathbf{x} = (x_1, x_2, \ldots, x_n) \in \mathbb{X}$ に対し，$\ell(\mathbf{x}) = n$ とおき，これを $\mathbf{x}$ の**長さ** (length) という．格子点 $|\mathbf{x}|$ と $|\mathbf{x}|_N$ は $\mathbf{x}$ からつぎのようにして決定されるものとする：

(1) $|\mathbf{x}| = (|x_1|, |x_2|, \ldots, |x_n|)$.

(2) $|x_{j_1}| \leqq |x_{j_2}| \leqq \cdots \leqq |x_{j_n}|$ となるような $(1, 2, \ldots, n)$ の置換 $(j_1, j_2, \ldots, j_n)$

に対し，$|\mathbf{x}|_N = (|x_{j_1}|, |x_{j_2}|, \ldots, |x_{j_n}|)$.

$\mathbb{X}$ に整列順序をつぎのように入れる．

定義 10.1.1 $\mathbf{Z}$ の整列順序はつぎのように定める：$0 < 1 < -1 < 2 < -2 < 3 < -3 < \cdots$．$\mathbf{x}, \mathbf{y} \in \mathbb{X}$ に対しつぎの (1)–(4) の 1 つが満たされるとき，$\mathbf{x} < \mathbf{y}$ と定める：

(1) $\ell(\mathbf{x}) < \ell(\mathbf{y})$．

(2) $\ell(\mathbf{x}) = \ell(\mathbf{y})$ かつ自然数の順序に関する辞書式順序で $|\mathbf{x}|_N < |\mathbf{y}|_N$．

(3) $|\mathbf{x}|_N = |\mathbf{y}|_N$ かつ自然数の順序に関する辞書式順序で $|\mathbf{x}| < |\mathbf{y}|$．

(4) $|\mathbf{x}| = |\mathbf{y}|$ かつ上で述べた $\mathbf{Z}$ の整列順序に関する辞書式順序で $\mathbf{x} < \mathbf{y}$．

この定義により，$\mathbb{X}$ は整列集合（すなわち，任意の部分集合が最小元をもつような順序集合）であることがわかる．$\mathbf{x} = (x_1, x_2, \ldots, x_n) \in \mathbb{X}$ に対し，つぎの記法を用いる．

$$\min |\mathbf{x}| = \min_{1 \leq i \leq n} |x_i|, \quad \max |\mathbf{x}| = \max_{1 \leq i \leq n} |x_i|.$$

つぎの等式で $\mathbf{x}$ から得られる $(\max |\mathbf{x}| + 1)$-次ブレイドを $\beta(\mathbf{x})$ で表す：

$$\beta(\mathbf{x}) = \sigma_{|x_1|}^{\mathrm{sign}(x_1)} \sigma_{|x_2|}^{\mathrm{sign}(x_2)} \cdots \sigma_{|x_n|}^{\mathrm{sign}(x_n)}.$$

ただし $\sigma_{|0|}^{\mathrm{sign}(0)} = 1$ とおく．$\max |\mathbf{x}| + 1$ は等式の右側によって示されたブレイドの最小次数であることに注意しよう．$\mathrm{cl}\,\beta(\mathbf{x})$ はブレイド $\beta(\mathbf{x})$ の閉包を表す（図 10.1 参照）．鏡像との区別およびひもの向きを問わない絡み目の集合を $\mathbb{L}$ で表す．伝統的に絡み目表の作成は，絡み目の集合 $\mathbb{L}$ の並べ方を問題にする．写像

$$\mathrm{cl}\,\beta : \mathbb{X} \to \mathbb{L}$$

を $\mathbf{x}$ を $\mathrm{cl}\,\beta(\mathbf{x})$ に写すようにとる．アレクサンダーの定理により，写像 $\mathrm{cl}\,\beta$ は全射である．整列集合の任意の部分集合は最小元をもつことから，$L \in \mathbb{L}$ に対し，$\sigma(L) = \min\{\mathbf{x} \in \mathbb{X} \mid \mathrm{cl}\,\beta(\mathbf{x}) = L\}$ とおくことにより，写像

$$\sigma : \mathbb{L} \to \mathbb{X}$$

が定義される．このとき，σ は $\mathrm{cl}\,\beta$ の右側逆写像となり，単射となる．その結果として，絡み目 L の格子点 $\sigma(L)$ が与えられると，その値から絡み目 L 自体

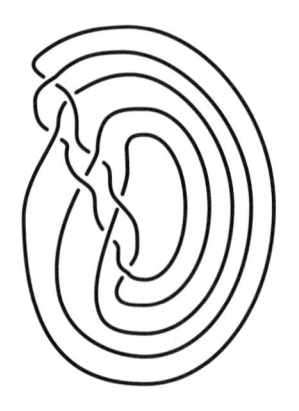

図 10.1　$\mathrm{cl}\,\beta(1,-2,1,3,-2,-4,3,-4)$

が $\mathrm{cl}\,\beta\sigma(L)=L$ により構成される．いま，つぎの定義により，$\mathbb{L}$ を整列集合とみなす：

定義 10.1.2　$L,L'\in\mathbb{L}$ に対し，$\sigma(L)<\sigma(L')$ ならば $L<L'$ と定義する．

絡み目 $L\in\mathbb{L}$ に対し，$\ell(\sigma(L))$ を L の**長さ** (length) という．

10.2. 格子点による絡み目の分類法

　格子点による素な絡み目の分類表を作成することが本来の目的であるが，自明でないようなトーラス絡み目，2橋絡み目，プレッツェル絡み目はすべて素であることが知られているものの，一般には与えられた結び目・絡み目が素かどうか判定するのは難しい問題である．そこで，つぎの擬似素という考え方を導入し，格子点による擬似素な絡み目の分類表を作成する：

定義 10.2.1　絡み目 L が**擬似素** (pseudo-prime) であるとは，L が分離不能絡み目であり，かつ $0<\sigma(L_i)<\sigma(L)$ をみたすような絡み目 L_i ($i=1,2$) の連結和 $L_1\#L_2$ に（向きを忘れて）同型にならないことである．

　素な絡み目は擬似素である．逆に，擬似素な絡み目であって，素でないようなものは知られていない．したがって，10.3節で掲載する表もすべて素な絡み

目の分類表になる．擬似素な絡み目の集合を $\mathbb{L}^\mathrm{P}$ で表す．$\mathbb{L}^\mathrm{P}$ を表にして並べるために単射な写像 σ を利用する．$k, n \in \mathbf{Z}$ $(n > 0)$ に対し，つぎのように表記すると便利である：

$$k^n = \underbrace{(k, k, \ldots, k)}_{n}, \qquad -k^n = (-k)^n.$$

格子点 $\mathbf{x}$ に対し，$|\mathbf{x}|_N = (1^{e_1}, 2^{e_2}, \ldots, m^{e_m})$（ただし $m = \max |\mathbf{x}|$）と表すとき，e_k を $\mathbf{x}$ の k での**指数** (exponent) といい，$\exp_k(\mathbf{x})$ で表す．このとき，つぎのような (1) または (2) の格子点からなる $\mathbb{X}$ の部分集合を Δ で表すことにする．

(1) 0, 1^n $(n \geqq 2)$.

(2) つぎの条件を満たすような格子点 $\mathbf{x} = (x_1, x_2, \ldots, x_n)$：
$x_1 = 1$, $1 \leqq |x_i| \leqq \frac{n}{2}$ $(i = 1, 2, \ldots, n)$, $|x_n| \geqq 2$, かつ $1 \leqq k \leqq \max |\mathbf{x}|$ となるようなすべての整数 k に対し $\exp_k(\mathbf{x}) \geqq 2$ となる．

(2) の格子点の長さ n は 4 以上になること，またすべての $n \geqq 1$ に対し

$$\sharp\{\mathbf{x} \in \Delta \mid \ell(\mathbf{x}) = n\} < +\infty$$

となることに注意しよう．ここで，$\sharp A$ は集合 A の個数を表す．この有限性と $\mathbb{X}$ の整列順序の定義により，任意の格子点 $\mathbf{x} \in \Delta$ に対し，

$$\sharp\{\mathbf{y} \in \Delta \mid \mathbf{y} < \mathbf{x}\} < +\infty$$

がなりたつ．つぎの命題は分類のために基本となる：

命題 10.2.2 $\sigma(\mathbb{L}^\mathrm{P}) \subset \Delta$.

証明は後で与えられる．この命題により，つぎのような擬似素な絡み目の表作成法が思い浮かぶ．最初に，長さが 3 までの Δ の格子点は

$$0, \ 1^2, \ 1^3$$

であり，これらの表す絡み目はそれぞれ自明結び目，ホップの絡み目，三葉結び目という異なる擬似素な絡み目である．いま，$n-1$ $(\geqq 3)$ 以下の長さの Δ の格

子点から擬似素な絡み目の表が作成されたと仮定して，長さ n の Δ の格子点からこの表に追加すべき擬似素な絡み目をどのように選ぶかということについて述べる．Δ から長さ n の格子点は有限個しかないが，それらを定義 10.1.1 の整列順序により並べる．つぎに，それらの格子点 $\mathbf{x}$ を $\operatorname{cl}\beta(\mathbf{x})$ で置き換えて得られる絡み目の列を構成する．最後に，その列の最初の絡み目から順番に，擬似素であるかまたすでに表に現れてないかを調べて，擬似素でありまだ現れたことのないものを表に加えていく……．しかしながら，Δ には余分な格子点（すなわち，$\operatorname{cl}\beta(\mathbf{x})$ が擬似素でないか，または表にすでに現れているような格子点）が多数含まれているので，コンピュータの助けなしにこの計画を実行するには，困難が伴う．分類に費やすエネルギーを節約するには，$\sigma(\mathbb{L}^{\mathrm{p}}) \subset \Delta^* \subset \Delta$ となるような集合 Δ^* をさがして，Δ の代わりにそれを使うことである．そのような集合 Δ^* をさがすために，いくつかの準備が必要である．格子点 $\mathbf{x} = (x_1, x_2, \ldots, x_n)$, $\mathbf{y} = (y_1, y_2, \ldots, y_m) \in \Delta$ に対し，つぎの式で格子点 $\mathbf{x}^T$, $-\mathbf{x}$, $(\mathbf{x}, \mathbf{y})$, $\delta(\mathbf{x})$ を定める：

$$\mathbf{x}^T = (x_n, \ldots, x_2, x_1),$$
$$-\mathbf{x} = (-x_1, -x_2, \ldots, -x_n),$$
$$(\mathbf{x}, \mathbf{y}) = (x_1, \ldots, x_n, y_1, \ldots, y_m),$$
$$\delta(\mathbf{x}) = (x'_1, x'_2, \ldots, x'_n).$$

ここでは $\quad x'_i = \begin{cases} \operatorname{sign}(x_i)(\max|\mathbf{x}| + 1 - |x_i|) & (x_i \neq 0) \\ 0 & (x_i = 0). \end{cases}$

格子点の間の変換を考えるのが以下の議論の要点である．

定義 10.2.3 $\mathbf{x}, \mathbf{y} \in \mathbb{X}$, $k, l, m \in \mathbf{Z}$ $(m > 0)$, $\varepsilon = \pm 1$ に対して，格子点の間の**初等変換** (elementary transformation) とは，つぎのような作用およびその逆作用のことである．

(1) $|k| > |l| + 1$ または $|l| > |k| + 1$ のとき $(\mathbf{x}, k, l) \to (\mathbf{x}, l, k)$.

(2) $k(k+1) \neq 0$ のとき $(\mathbf{x}, \varepsilon k^m, k+1, k) \to (\mathbf{x}, k+1, k, \varepsilon(k+1)^m)$.

(3) $k(k+1) \neq 0$ のとき $(\mathbf{x}, k, \varepsilon(k+1)^m, -k) \to (\mathbf{x}, -(k+1), \varepsilon k^m, k+1)$.

(4) $(\mathbf{x}, \mathbf{y}) \to (\mathbf{y}, \mathbf{x})$

(5) $\mathbf{x} \to \mathbf{x}^T$

(6) $\mathbf{x} \to -\mathbf{x}$

(7) $\mathbf{x} \to \delta(\mathbf{x})$

(8) $\min |\mathbf{x}| \geqq 2, \min |\mathbf{y}| \geqq 2$ のとき, $(1^m, \mathbf{x}, \varepsilon, \mathbf{y}) \to (1^m, \mathbf{y}, \varepsilon, \mathbf{x})$.

このとき,つぎの補題が示される.

補題 10.2.4 初等変換により,$\mathbf{x}$ が $\mathbf{y}$ に変換されるならば,$\ell(\mathbf{x}) = \ell(\mathbf{y})$, $\text{cl}\,\beta(\mathbf{x}) = \text{cl}\,\beta(\mathbf{y}) \in \mathbb{L}$ となる.ただし (7) の場合には,自明絡み目の分離和を無視して等しいという意味である.

証明 閉じたブレイド $\text{cl}\,\beta(\mathbf{x})$ の性質を用いて示す.(1) についてはブレイド関係式 (B-1) から主張がなりたつ.(2) についてはブレイド関係式 (B-2) と m に関する数学的帰納法からわかる.(3) については (2) から

$$\text{cl}\,\beta(\mathbf{x}, k, \varepsilon(k+1)^m, -k) = \text{cl}\,\beta(\mathbf{x}, -(k+1), k+1, k, \varepsilon(k+1)^m, -k)$$
$$= \text{cl}\,\beta(\mathbf{x}, -(k+1), \varepsilon k^m, k+1, k, -k) = \text{cl}\,\beta(\mathbf{x}, -(k+1), \varepsilon k^m, k+1)$$

となり示される.(4) については,マルコフ変形 I からわかる.$\text{cl}\,\beta(\mathbf{x}^T)$ は,定義により $\text{cl}\,\beta(\mathbf{x})$ のひもの向きをすべて逆転した閉じたブレイドのことであるから,いま向きを考慮しないのであるから同じものであり,(5) について主張がなりたつ.$\text{cl}\,\beta(-\mathbf{x})$ は,$\text{cl}\,\beta(\mathbf{x})$ の鏡像であり,鏡像かどうかを区別しないので (6) についても主張がなりたつ.(7) については,ブレイド $\beta(\mathbf{x})$ のひもの番号 $1, 2, 3, \ldots, s$ を $s, \ldots, 3, 2, 1$ と逆転し,そのブレイドをひっくり返してひもの番号が $1, 2, 3, \ldots, n$ と並ぶようにしたものが $\beta(\delta(\mathbf{x}))$ になるので,$\text{cl}\,\beta(\mathbf{x})$ と $\text{cl}\,\beta(\delta(\mathbf{x}))$ は(自明絡み目の分離和を無視して)等しくなる.(8) については,

$$\text{cl}\,\beta(1^m, \mathbf{x}, \varepsilon, \mathbf{y}) = \text{cl}\,\beta(\varepsilon, \mathbf{x}, 1^m, \mathbf{y})$$

は図より直接確かめられ,さらに (4) を使うと (8) についての主張がなりたつことがわかる. □

格子点 $\mathbf{x}, \mathbf{x}' \in \mathbb{X}$ が**弱同値** (weakly equivalent) であるとは,自明絡み目の分離和を無視して

$$\text{cl}\,\beta(\mathbf{x}) = \text{cl}\,\beta(\mathbf{x}') \in \mathbb{L}$$

となることである．弱同値であることは $\mathbb{X}$ における同値関係となるので，$\mathbf{x}$ の $\mathbb{X}$ における弱同値類を $[\mathbf{x}]$ で表す．つぎの補題は，擬似素絡み目の集合 $\mathbb{L}^{\mathrm{p}}$ の格子点を探す場合には，弱同値類の最小元を探せば十分であることを示している．

補題 10.2.5 各 $\sigma(L) \in \sigma(\mathbb{L}^{\mathrm{p}})$ に対し，$\sigma(L) = \min[\sigma(L)]$ がなりたつ．

証明 $\mathbf{x} = \min[\sigma(L)]$ とおく．$L' = \mathrm{cl}\,\beta(\mathbf{x})$ が分離可能な自明結び目成分 O をもつと仮定する．O が交差点をもってももたなくても，$L'\backslash O = \mathrm{cl}\,\beta(\mathbf{x}')$ かつ $\mathbf{x}' < \mathbf{x}$ となるような $\mathbf{x}'$ が存在し，$\mathbf{x}$ が最小元であることに矛盾する．こうして，$L' = \mathrm{cl}\,\beta(\mathbf{x}) = L$ となり，定義から $\sigma(L) = \mathbf{x}$ となる．□

つぎの補題は，$\sigma(\mathbb{L}^{\mathrm{p}})$ に入らない基本的な格子点を調べるのに役立つ．

補題 10.2.6 $\mathbf{x},\mathbf{y},\mathbf{z} \in \mathbb{X}, k \in \mathbb{Z}, 0 < m \in \mathbb{Z}$ に対して，$\mathbf{x}$ が初等変換の有限回で，$\mathbf{x}$ より小さい格子点に変換されるか，またはつぎの形のものに変換されるならば，$\mathbf{x} \notin \sigma(\mathbb{L}^{\mathrm{p}})$ となる．

(1) $(\mathbf{y}, k, -k)$.

(2) $\max|\mathbf{y}| < \min|\mathbf{z}|$ あるいは $\max|\mathbf{z}| < \min|\mathbf{y}|$ のときの $(\mathbf{y},\mathbf{z})$.

(3) $\mathbf{y}$ が $\pm k$ を含まないような $(\mathbf{y}, k^m)$.

証明 $\mathbf{x}$ より小さい格子点に変換されるときは補題 10.2.5 から直接 $\mathbf{x} \notin \sigma(\mathbb{L}^{\mathrm{p}})$ となる．(1) の場合，$\mathrm{cl}\,\beta(\mathbf{y},k,-k) = \mathrm{cl}\,\beta(\mathbf{y},0), (\mathbf{y},0) < (\mathbf{y},k,-k)$ なので，補題 10.2.5 から $\mathbf{x} \notin \sigma(\mathbb{L}^{\mathrm{p}})$ となる．(2) の場合には，$\mathbf{x} \in \sigma(\mathbb{L}^{\mathrm{p}})$ ならば，$\mathrm{cl}\,\beta(\mathbf{y},\mathbf{z})$ は自明絡み目の分離和を無視して $\mathrm{cl}\,\beta(\mathbf{y})$ と $\mathrm{cl}\,\beta(\mathbf{z})$ の分離和か連結和である．$\mathrm{cl}\,\beta(\mathbf{x})$ は擬似素絡み目であるので，自明絡み目の分離和を無視して $\mathrm{cl}\,\beta(\mathbf{y})$ または $\mathrm{cl}\,\beta(\mathbf{z})$ に等しくなる．補題 10.2.5 から，$\mathbf{x} \notin \sigma(\mathbb{L}^{\mathrm{p}})$ となる．(3) の場合には，初等変換 (1) を繰り返すことにより，$\mathbf{y}$ は $\max|\mathbf{y}'| < |k| < \min|\mathbf{y}''|$ となるような $(\mathbf{y}'',\mathbf{y}')$ に変換できる．さらに初等変換 (4) を使うとき，$(\mathbf{y}, k^m)$ は $(\mathbf{y}', k^m, \mathbf{y}'')$ に変換でき，(2) の場合に帰着する．□

補題 10.2.4, 10.2.5, 10.2.6 を利用して，命題 10.2.2 の証明を行う．

命題 10.2.2 の証明 $\mathrm{cl}\,\beta(0)$ は自明結び目を表し，0 は最小の格子点である．$\mathbf{x}$ が 0 を含みかつ $\ell(\mathbf{x}) > 1$ ならば，0 を 1 つ除いた格子点 x' は $\mathrm{cl}\,\beta(\mathbf{x}') = \mathrm{cl}\,\beta(\mathbf{x})$

かつ $\mathbf{x}' < \mathbf{x}$ であるから，$\mathbf{x} \notin \sigma(\mathbb{L}^P)$ である．よって，$\mathbf{x}$ は 0 を含まない．$\mathbf{x}$ が ± 1 を含まなければ，初等変換 (7) により $\mathrm{cl}\,\beta(\mathbf{x})$ はより小さい格子点で表せる．よって，$\mathbf{x} = (x_1, x_2, \ldots, x_n)$ は ± 1 を含み，初等変換 (4), (6) と整列順序の定義から，$x_1 = 1$ でなければならない．初等変換 (1) を考慮すれば，補題 10.2.6 の (2) より $1 \leqq k \leqq \max|\mathbf{x}|$ となる k について $\exp_k(\mathbf{x}) \geqq 1$ でなければならない．さらに，補題 10.2.6 の (3) より $\exp_k(\mathbf{x}) \geqq 2$ でなければならない．このとき，すべての i で $1 \leqq |x_i| \leqq \frac{n}{2}$ をみたす．初等変換 (4) と補題 10.2.6 の (1) より，$\mathbf{x} = 1^n$ でなければ $|x_n| \geqq 2$ となる．□

補題 10.2.6 の条件を満たすような格子点を Δ から除いてできた集合を Δ^* で表す．Δ の代わりに Δ^* を使うことにより，我々の指定した整列順序ににより Δ^* の格子点を $\mathbf{x}, \mathbf{y}, \mathbf{z}, \ldots$ と並べ，その絡み目の列 $\mathrm{cl}\,\beta(\mathbf{x}), \mathrm{cl}\,\beta(\mathbf{y}), \mathrm{cl}\,\beta(\mathbf{z}), \ldots$ を構成し，その中から擬似素でないもの，それから列の中にすでに現れているものをとり除き，求める擬似素絡み目の表を得る．この表作成のポイントとなるものをこれから述べよう．

Δ^* の表作成についてのポイント $n > 0$ に対し，$\Delta_n^* = \{\mathbf{x} \in \Delta^* \mid \ell(\mathbf{x}) = n\}$ とおく．つぎの段階を踏んで，Δ_n^* を構成する：

(1) Δ から順序集合 $A_n = \{|\mathbf{x}|_N : x \in \Delta_n^*\}$ を作成する．
(2) A_n から順序集合 $B_n = \{|\mathbf{x}| : x \in \Delta_n^*\}$ を作成する．
(3) B_n から順序集合 Δ_n^* を作成する．

各段階において，補題 10.2.6 を使用するが，ときどき技巧的な変換を必要とすることがあるので，実際に作成した表には $\Delta \setminus \Delta^*$ の格子点が混入することが起こりうる．しかしながら，その表は $\sigma(\mathbb{L}^P)$ を含んでいるのであるから，後の手続きが多少やっかいになることがあるけれども，そのような表でも問題は生じない．

10.3. 格子点の長さ 8 までの擬似素絡み目の分類表

以下の格子点の長さ 8 までの擬似素絡み目の分類表において，μ は連結成分数，G はゲーリッツ不変量，$|lk|$ は絡み数の絶対値を表している．また，L 欄

は D. Rolfsen の表[1]における対応する絡み目を表す (n_i^r は最小交差数 n で r 成分の i 番目の絡み目のことである).

$\ell(x)$	$\|x\|_N$	$\|x\|$	x	μ	G	$\|lk\|$	L
1	0	0	0	1	1		O
2	1^2	1^2	1^2	2	2	1	2_1^2
3	1^3	1^3	1^3	1	3		3_1
4	1^4	1^4	1^4	2	4	2	4_1^2
	$(1^2, 2^2)$	$(1, 2, 1, 2)$	$(1, -2, 1, -2)$	1	5		4_1
5	1^5	1^5	1^5	1	5		5_1
	$(1^3, 2^2)$	$(1^2, 2, 1, 2)$	$(1^2, -2, 1, -2)$	2	8	0	5_1^2
6	1^6	1^6	1^6	2	6	3	6_1^2
	$(1^4, 2^2)$	$(1^3, 2, 1, 2)$	$(1^3, 2, -1, 2)$	1	7		5_2
			$(1^3, -2, 1, -2)$	1	11		6_2
		$(1^2, 2, 1^2, 2)$	$(1^2, 2, 1^2, 2)$	3	2,2	1,1,1	6_3^3
			$(1^2, -2, 1^2, -2)$	3	6,2	1,1,1	6_1^3
	$(1^3, 2^3)$	$(1^2, 2, 1, 2^2)$	$(1^2, -2, 1, -2^2)$	1	13		6_3
		$(1, 2, 1, 2, 1, 2)$	$(1, -2, 1, -2, 1, -2)$	3	4,4	0,0,0	6_2^3
	$(1^2, 2^2, 3^2)$	$(1, 2, 1, 3, 2, 3)$	$(1, -2, 1, 3, -2, 3)$	2	12	2	6_3^2
7	1^7	1^7	1^7	1	7		7_1
	$(1^5, 2^2)$	$(1^4, 2, 1, 2)$	$(1^4, 2, -1, 2)$	2	10	3	6_1^2
			$(1^4, -2, 1, -2)$	2	14	1	7_1^2
		$(1^3, 2, 1^2, 2)$	$(1^3, 2, 1^2, 2)$	2	4	2	7_7^2
			$(1^3, 2, -1^2, 2)$	2	8	0	7_8^2
			$(1^3, -2, 1^2, -2)$	2	16	0	7_4^2
	$(1^4, 2^3)$	$(1^3, 2, 1, 2^2)$	$(1^3, -2, 1, -2^2)$	2	18	1	7_2^2
		$(1^2, 2, 1^2, 2^2)$	$(1^2, -2, 1^2, -2^2)$	2	20	2	7_5^2
		$(1^2, 2, 1, 2, 1, 2)$	$(1^2, -2, 1, -2, 1, -2)$	2	24	0	7_6^2
	$(1^3, 2^2, 3^2)$	$(1^2, 2, 1, 3, 2, 3)$	$(1^2, 2, -1, -3, 2, -3)$	1	9		6_1
			$(1^2, -2, 1, 3, -2, 3)$	1	19		7_6
	$(1^2, 2^3, 3^2)$	$(1, 2, 1, 2, 3, 2, 3)$	$(1, -2, 1, -2, 3, 2, 3)$	1	21		7_7
		$(1, 2, 1, 3, 2^2, 3)$	$(1, -2, 1, 3, -2^2, 3)$	3	10,2	1,1,1	7_1^3
8	1^8	1^8	1^8	2	8	4	8_1^2
	$(1^6, 2^2)$	$(1^5, 2, 1, 2)$	$(1^5, 2, -1, 2)$	1	13		7_3
			$(1^5, -2, 1, -2)$	1	17		8_2
		$(1^4, 2, 1^2, 2)$	$(1^4, 2, 1^2, 2)$	3	2,2	1,1,2	8_7^3
			$(1^4, 2, -1^2, 2)$	3	6,2	1,1,2	8_8^3
			$(1^4, -2, 1^2, -2)$	3	10,2	1,1,2	8_1^3
		$(1^3, 2, 1^3, 2)$	$(1^3, 2, 1^3, 2)$	1	3		8_{19}
			$(1^3, 2, -1^3, 2)$	1	9		8_{20}
			$(1^3, -2, 1^3, -2)$	1	21		8_5
	$(1^5, 2^3)$	$(1^4, 2, 1, 2^2)$	$(1^4, 2, -1, 2^2)$	1	17		7_5
			$(1^4, -2, 1, -2^2)$	1	23		8_7
		$(1^3, 2, 1^2, 2^2)$	$(1^3, 2, -1^2, 2^2)$	1	15		8_{21}
			$(1^3, -2, 1^2, -2^2)$	1	27		8_{10}
		$(1^3, 2, 1, 2, 1, 2)$	$(1^3, 2, -1, 2, -1, 2)$	3	4,4	0,0,2	8_9^3
			$(1^3, -2, 1, -2, 1, -2)$	3	16,2	0,0,1	8_5^3
		$(1^2, 2, 1^2, 2, 1, 2)$	$(1^2, -2, 1^2, -2, 1, -2)$	1	35		8_{16}
	$(1^4, 2^4)$	$(1^3, 2, 1, 2^3)$	$(1^3, -2, 1, -2^3)$	1	25		8_9

---

[1] D. Rolfsen, *Knots and links*, Publish or Perish, Inc.(1976) の表のことである.

$\ell(x)$	$\|x\|_N$	$\|x\|$	x	μ	G	$\|lk\|$	L
		$(1^3, 2^2, 1, 2^2)$	$(1^3, -2^2, 1, -2^2)$	3	14, 2	1, 1, 2	8_2^3
		$(1^2, 2, 1, 2, 1, 2^2)$	$(1^2, -2, 1, -2, 1, -2^2)$	1	37		8_{17}
		$(1^2, 2, 1, 2^2, 1, 2)$	$(1^2, -2, 1, -2^2, 1, -2)$	3	6, 6	0, 1, 1	8_6^3
		$(1^2, 2^2, 1^2, 2^2)$	$(1^2, 2^2, 1^2, 2^2)$	3	4	0, 2, 2	8_{10}^3
			$(1^2, -2^2, 1^2, -2^2)$	3	8, 4	0, 2, 2	8_4^3
		$(1, 2, 1, 2, 1, 2, 1, 2)$	$(1, -2, 1, -2, 1, -2, 1, -2)$	1	15, 3		8_{18}
$(1^4, 2^2, 3^2)$		$(1^3, 2, 1, 3, 2, 3)$	$(1^3, 2, -1, -3, 2, -3)$	2	16	0	7_3^2
			$(1^3, -2, 1, 3, -2, 3)$	2	26	3	8_5^2
		$(1^2, 2, 1^2, 3, 2, 3)$	$(1^2, 2, 1^2, -3, 2, -3)$	2	12	2	8_{16}^2
			$(1^2, 2, -1^2, -3, 2, -3)$	2	8	0	8_{15}^2
			$(1^2, -2, 1^2, 3, -2, 3)$	2	28	2	8_9^2
$(1^3, 2^3, 3^2)$	$(1^2, 2, 1, 2, 3, 2, 3)$	$(1^2, -2, 1, -2, 3, -2, 3)$		2	34	1	8_8^2
		$(1^2, 2, 1, 3, 2^2, 3)$	$(1^2, -2, 1, 3, -2^2, 3)$	2	32	0	8_{12}^2
		$(1, 2, 1, 2, 1, 3, 2, 3)$	$(1, -2, 1, -2, 1, 3, -2, 3)$	2	40	0	8_{13}^2
$(1^3, 2^2, 3^3)$		$(1^2, 2, 1, 3, 2, 3^2)$	$(1^2, -2, 1, 3, -2, 3^2)$	2	30	1	8_7^2
$(1^2, 2^4, 3^2)$		$(1, 2, 1, 2, 3, 2^2, 3)$	$(1, -2, 1, -2, 3, -2^2, 3)$	2	32	0	8_{10}^2
		$(1, 2, 1, 3, 2^3, 3)$	$(1, -2, 1, 3, -2^3, 3)$	2	28	2	8_{11}^2
		$(1, 2^2, 1, 3, 2^2, 3)$	$(1, 2^2, 1, 3, 2^2, 3)$	4	2, 2		8_3^4
			$(1, 2^2, 1, 3, -2^2, 3)$	4	4, 2, 2		8_2^4
			$(1, -2^2, 1, 3, -2^2, 3)$	4	8, 2, 2		8_1^4
		$(1, 2, 3, 2, 1, 2, 3, 2)$	$(1, -2, 3, -2, 1, -2, 3, -2)$	2	12, 3	2	8_{14}^2
$(1^2, 2^2, 3^2, 4^2)$	$(1, 2, 1, 3, 2, 4, 3, 4)$	$(1, -2, 1, 3, -2, -4, 3, -4)$		1	29		8_{12}

10.4. 第10講の補充・発展問題

問 10.4.1 図 10.2 の結び目 10_{161} と 10_{162} はパーコ対 (Perko's pair) と呼ばれる（鏡像と向きを無視して）同じ結び目になることが知られている．これを格子点表示の間の初等変換により確かめよ．

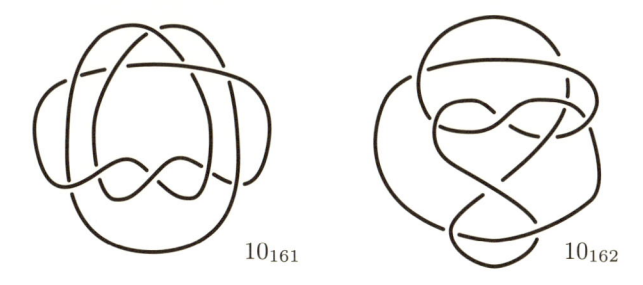

10_{161} 10_{162}

図 10.2

問 10.4.2 格子点 $\mathbf{u}$, $\mathbf{v}$, $\mathbf{z}$, $\mathbf{w}$ と $\max|\mathbf{u}| < k < \min|\mathbf{v}|$, $\max|\mathbf{z}| < k < \min|\mathbf{w}|$ となるような整数 k に対して,

(1) $\operatorname{cl}\beta(k^2,\ \mathbf{u},\ \mathbf{v},\ -k^2,\ \mathbf{z},\ \mathbf{w}) = \operatorname{cl}\beta(-k^2,\ \mathbf{x},\ \mathbf{w}^T,\ k^2,\ \mathbf{z},\ \mathbf{y}^T)$

(2) $\operatorname{cl}\beta(\mathbf{u},\ k,\ (k+1)^2,\ k,\ \mathbf{v}) = \operatorname{cl}\beta(\mathbf{u},\ -k,\ -(k+1)^2,\ -k,\ \mathbf{v}^T)$

となることを示せ.

問 10.4.3 格子点 $\mathbf{x}$ の絶対値 $|\mathbf{x}|$ が, 正整数 k, n と $\max|\mathbf{y}| \leqq k$ となるような格子点 $\mathbf{y}$ に対して,

(1) $(|\mathbf{y}|, k+1, k, (k+1)^n, k)$

(2) $(|\mathbf{y}|, k+1, k^2, k+1, k)$

の形になるならば, $\mathbf{x} \notin \sigma(\mathbb{L}^{\mathrm{P}})$ となることを示せ.

問 10.4.4 格子点 $\mathbf{x} = (x_1, x_2, \ldots, x_n) \in \Delta$ に対し, 有理数値写像 $\zeta : \Delta \to \mathbf{Q}$ をつぎのように定義する.

$$\zeta(\mathbf{x}) = \frac{x_1}{(n+1)^n} + \frac{x_2}{(n+1)^{n-1}} + \cdots + \frac{x_n}{n+1}.$$

このとき, 単射的写像 $\sigma : \mathbb{L}^{\mathrm{P}} \to \Delta$ と ζ を合成することにより, 有理数 $\zeta\sigma(L)$ の値から擬似素絡み目 $L \in \mathbb{L}^{\mathrm{P}}$ を一意的に復元できることを, つぎの性質 (1), (2) を示すことにより, 確かめよ.

(1) ζ は単射的写像で, その値域は $(-\frac{1}{2}, \frac{1}{2})$ に属する.

(2) 有理数 $\zeta(\mathbf{x})$ の値が与えられると, それから格子点 $\mathbf{x}$ を一意的に復元できる.

特講
絡み目の巡回被覆論

　この特講では，拙著『線形代数からホモロジーへ』培風館 (2000) 程度の多様体のホモロジーの知識を仮定して，絡み目の巡回被覆空間の解説を行う．S.1 節では，3 次元球面内の絡み目の補空間の無限巡回被覆空間と絡み目を分岐集合とする 3 次元球面の有限巡回分岐被覆空間の 1 次元ホモロジーの解説を行う．S.2 節では，2 橋絡み目の 2 重分岐被覆空間としてのレンズ空間についての解説を行う．S.3 節では，絡み目を分岐集合とする 3 次元球面の 2 重分岐被覆空間を境界にもつような単連結 4 次元多様体で，その交叉行列が絡み目図式の与えられたゲーリッツ行列に一致するようなものを構成する．

S.1. 絡み目の巡回被覆

　3 次元球面 S^3 内の r 成分絡み目 L の **外部** (exterior) とは，S^3 の 3 次元コンパクト部分多様体 $E = \mathrm{cl}(S^3 - N)$ のことである．ここで，N は L のチューブ近傍で，同相 $(N, L) \cong (L \times B, L \times 0)$ がなりたつ．ただし，B は 2-セルで，0 はその内点を表す．L のザイフェルト曲面 F に対し，$F \cap E (\cong F)$ は F と同一視する．$H_1(E) \cong \mathbf{Z}^r$ は L のメリディアンの元を基底にもつ．各メリディアンの元を 1 に移すような全射準同型写像 $\chi : H_1(E) \to \mathbf{Z}$ に付随した **無限巡回被覆写像** (infinite cyclic covering projection) $p : \tilde{E} \to E$ が一意的に存在する．この被覆空間 $\tilde{E}$ はつぎのようにしても構成できる．F で E を切り開いた 3 次元コンパクト多様体を E' とし，その境界 $\partial E'$ 内の F の 2 つのコピーを F^+, F^- とする．ただし $F^\pm = \pm F$ は $\partial E'$ から定まる向きをもつものとする．(F^+, E', F^-) のコピー (F_i^+, E_i', F_i^-) $(i \in \mathbf{Z})$ を用意し，直和 $\coprod_{i \in \mathbf{Z}} E_i'$ において，各 F_i^- と F_{i+1}^+ を同一視して，$\tilde{E}$ を構成する．写像 $p : \tilde{E} \to E$ は各 E_i' から E への自然な射影として定義され，その被覆変換群は各 i についての

コピーの変換 $t(F_i^+, E_i', F_i^-) = (F_{i+1}^+, E_{i+1}', F_{i+1}^-)$ により定義された同相写像 $t: \tilde{E} \to \tilde{E}$ により生成された無限巡回群 $J = \{t^i | i \in \mathbb{Z}\}$ である．したがって，$H_*(\tilde{E})$ は Λ-加群となる．

命題 S.1.1 絡み目 L のアレクサンダー加群 $M(L)$（8.2節参照）に対し，Λ-同型 $M(L) \cong H_1(\tilde{E})$ が存在する．

証明 $\tilde{F} = p^{-1}(F) = \coprod_{i \in \mathbb{Z}} F_i$ とおく．また E' から F^+ のカラー近傍部分 $C(F^+) = F^+ \times [0,1]$ を削りとってできる3次元コンパクト部分多様体を E'' として $\tilde{E}'' = p^{-1}(E'') = \coprod_{i \in \mathbb{Z}} E_i''$ とおけば，

$$H_1(E'') \cong H_1(S^3 \setminus F) \cong H_1(F) \cong \mathbb{Z}^n \quad (n = 2g(F) + r - 1)$$

となることから，

$$H_1(\tilde{F}) \cong H_1(\tilde{E}'') \cong \Lambda^n$$

がなりたつ．$H_1(\tilde{F})$ と $H_1(\tilde{E}'')$ の基底を指定しよう．F は2-セル D に n 個のバンドをはりつけてできたものであるが，$H_1(F)$ の基底として，各バンドの中心線を D 上でつないだ単純ループ ℓ_i の表す元 x_i $(i = 1, 2, \ldots, n)$ をとり，$F = F_0$ とみなして $H_1(\tilde{F})$ の基底に採用する．また $H_1(\tilde{E}'')$ の基底として，$\mathrm{Link}(\ell_i, \ell_j') = \delta_{i,j}$ となるような S^3 における単純ループ ℓ_j' の表す元 x_j' $(j = 1, 2, \ldots, n)$ をとり，$E'' = E_0''$ とみなして $H_1(\tilde{E}'')$ の基底に採用する．対 $(\tilde{E}, \tilde{E}'')$ のホモロジー完全列により，完全列

$$H_2(\tilde{E}, \tilde{E}'') \xrightarrow{\partial} H_1(\tilde{E}'') \xrightarrow{i_*} H_1(\tilde{E}) \to 0$$

が得られる．ここで i_* が全射であるのは，

$$H_1(\tilde{E}, \tilde{E}'') \xrightarrow{\partial} H_0(\tilde{E}'') \xrightarrow{i_*} H_0(\tilde{E}) \to 0$$

が完全であり，$H_0(\tilde{E}) \cong \Lambda/(t-1)\Lambda$，$H_0(\tilde{E}'') \cong \Lambda$，かつ切除定理により

$$H_k(E, E'') \cong H_k(F \times ([0,1], \{0,1\})) \cong H_{k-1}(F)$$

がなりたち，その結果 $H_1(\tilde{E}, \tilde{E}'') \cong \Lambda$ となり，$\partial: H_1(\tilde{E}, \tilde{E}'') \to H_0(\tilde{E}'')$ が単射となるからである．自然な同一視写像 $I^\pm: F \to F^\pm$ に関して，合成写像

$$H_1(\tilde{F}) \cong H_2(\tilde{E}, \tilde{E}'') \xrightarrow{\partial} H_1(\tilde{E}'')$$

は $tI_*^+ - I_*^- : H_1(\tilde{F}) \to H_1(\tilde{E}'')$ により表される．$H_1(\tilde{F})$ と $H_1(\tilde{E}'')$ の基底 x_i $(i = 1, 2, \ldots, n)$ と x'_j $(j = 1, 2, \ldots, n)$ に関する $tI_*^+ - I_*^-$ の表現行列は $tV^T - V$ となるので，i_* は求める Λ-同型 $M(L) \cong H_1(\tilde{E})$ を誘導する．□

無限巡回被覆空間 $\tilde{E}$ の構成においては無限個の (F^+, E', F^-) のコピーを使ったが，n 個のコピー (F_i^+, E'_i, F_i^-) $(i = 1, 2, \ldots, n)$ を使って同様の構成をすると，各メリディアンの元を 1 に写すような全射準同型写像 $\chi_n : H_1(E) \to \mathbf{Z}_n$ に付随した n **重巡回被覆写像** (n-fold cyclic covering projection) $p^n : E_n \to E$ が構成される．L のチューブ近傍は $N = L \times B$ となるが，この 2-セル B を複素平面内の単位円板とみなして，連続写像 $q^n : B \to B$ を $q^n(z) = z^n$ で定義する．N を E に元通りにはりつけて S^3 を構成する操作は，写像 $1 \times q^n : L \times B \to L \times B = N$ と n 重巡回被覆写像 $p^n : E_n \to E$ の添加写像

$$\hat{p}^n : S^3(L)_n \longrightarrow S^3$$

を一意的に定義する．この写像を n **重巡回分岐被覆写像** (n-fold cyclic branched covering projection) という．n 重巡回分岐被覆空間 $S^3(L)_n$ は向きづけられた連結閉 3 次元多様体である．自然に定義される射影 $p_n : \tilde{E} \to E_n$ と包含写像 $j_n : E_n \subset S^3(L)_n$ の合成写像を

$$\hat{p}_n : \tilde{E} \longrightarrow S^3(L)_n$$

で表す．$H_1(S^3(L)_n)$ もまた Λ-加群である．

命題 S.1.2 写像 $\hat{p}_n : \tilde{E} \to S^3(L)_n$ は，同一視 $M(L) = H_1(\tilde{E})$ のもとで，8.2 で述べた Λ-加群 $M_n(L)$ に対する Λ-同型 $M_n(L) \cong H_1(S^3(L)_n)$ を誘導する．

証明 まず，Λ-準同型写像 $(\hat{p}_n)_* : H_1(\tilde{E}) \to H_1(S^3(L)_n)$ は全射となることを示そう．$H_1(S^3(L)_n)$ の任意の元 x に対し，$(j_n)_*(x') = x$ となるような $H_1(E_n)$ の元 x' がある．$\chi(p_n)_*(x') = nn'$ $(n' \in \mathbf{Z})$ と表せる．E における L のメリディアン m_i $(i = 1, 2, \ldots, r)$ の E_n への持ち上げを m_i^n $(i = 1, 2, \ldots, r)$ で表す．$x'' = x' - n'[m_1^n]$ とおくと，$\chi(p_n)_*(x'') = nn' - n'n = 0$ となるので，x'' を代表する E_n における単純ループ ℓ'' に対し，p_n は自明な被覆写像 $(p_n)^{-1}(\ell'') \to \ell''$ を定義する．$(p_n)^{-1}(\ell'')$ の 1 つの成分 ℓ''_0 に対し，$(\hat{p}_n)_*([\ell''_0]) = (j_n)_*([\ell'']) = (j_n)_*(x') = x$ となり，$(\hat{p}_n)_*$ が全射であることがわかる．つぎに，$\rho_n(t)H_1(\tilde{E}) \subset$

$\operatorname{Ker}(\hat{p}_n)_*$, すなわち $(\hat{p}_n)_*(\rho_n(t)x) = 0$ を示そう. $x = [\ell]$ となるループ ℓ をとるとき, $H_2(S^3) = 0$ を使って, $p^n(\ell) = \partial c$ となるような S^3 における 2-チェイン c をとる. c に使用された重複を含めたすべての 2 次元単体の p^n の原像に現れる 2 次元単体により定義される $S^3(L)_n$ の 2-チェイン c' は $\partial c' = \rho_n(t)\ell$ をみたす. こうして, $\rho_n(t)H_1(S^3(L)_n) = 0$ となり, $(\hat{p}_n)_*(\rho_n(t)x) = \rho_n(t)(\hat{p}_n)_*(x) = 0$ が示される. 最後に, $\operatorname{Ker}(\hat{p}_n)_* \subset \rho_n(t)H_1(\tilde{E})$ を示そう. $(\hat{p}_n)_*(y) = 0$ となるような $y \in H_1(\tilde{E})$ に対し, $(p_n)_*(y) = \sum_{i=1}^{r} a_i[m_i^n]$ となるような整数 $a_i \in \mathbf{Z}$ $(i = 1, 2, \ldots, r)$ が存在する.

$$\chi(p_*(y)) = \chi((p^n)_*(p_n)_*(y)) = \sum_{i=1}^{r} n a_i = 0$$

であるから, $\sum_{i=1}^{r} a_i = 0$ となる. したがって, $z = \sum_{i=1}^{r} a_i[m_i]$ は $\chi(z) = 0$ をみたし, $p_*(\tilde{z}) = z$ となるような元 $\tilde{z} \in H_1(\tilde{E})$ が存在する. $y' = y - \rho_n(t)\tilde{z}$ とおくと, $(\hat{p}_n)_*(y') = 0$ かつ $(p^n)_*(p_n)_*(y') = 0$ をみたす. これは $(p_n)_*(y') = 0$ を意味する. チェイン複体の短完全列

$$0 \to C_\#(\tilde{E}) \xrightarrow{t^n - 1} C_\#(\tilde{E}) \xrightarrow{(p_n)_*} C_\#(E_n) \to 0$$

から得られる完全列

$$H_1(\tilde{E}) \xrightarrow{t^n - 1} H_1(\tilde{E}) \xrightarrow{(p_n)_*} H_1(E_n)$$

により, $y' = (t^n - 1)y''$ となるような元 $y'' \in H_1(\tilde{E})$ が存在し,

$$y = \rho_n(t)\tilde{z} + (t^n - 1)y'' = \rho_n(t)(\tilde{z} + (t-1)y'') \in \rho_n(t)H_1(\tilde{E})$$

が示される. □

S.2. 2 橋絡み目とプレッツェル絡み目の 2 重分岐被覆

自明な結び目 O の 2 重分岐被覆写像 $p_2 : S^3(O)_2 \to S^3$ を考えるとき, 2 重分岐被覆空間 $S^3(O)_2$ は S^3 に同相になることは容易に確認できる. O を図 S.1 のように球面 S^2 で仕切られた 3-セル $B_i^3 (i = 1, 2)$ により分割するとき, 原像 $(p_2)^{-1}(B_i^3)$ はトーラス $(p_2)^{-1}(S^2) \cong T^2 = S^1 \times S^1$ を境界とするようなソ

S.2. 2橋絡み目とプレッツェル絡み目の2重分岐被覆　155

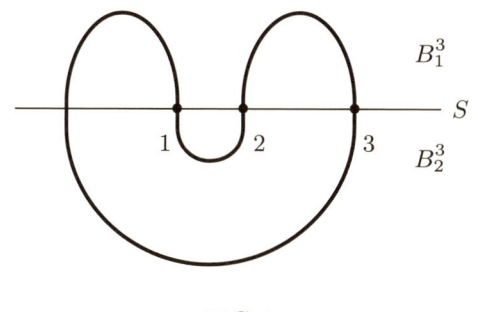

図 S.1

リッドトーラス (solid torus) $h_i = S^1 \times B_i$ に同相になる．いいかえると，S^3 はソリッドトーラス $h_i = S^1 \times B_i$ ($i = 1, 2$) を向きを逆転するような同相写像 $f : \partial h_1 \to \partial h_2$ ではりつけてできたものである．ソリッドトーラス $h = S^1 \times B$ において単純ループ $m = x \times \partial B$ ($x \in S^1$) を**メリディアン** (meridian)，セル $x \times B$ を**メリディアンディスク** (meridian disk) という．また，メリディアン m と 1 点で横断的に交わるようなトーラス ∂h 上のループを**ロンジチュード** (longitude) という．メリディアンおよびメリディアンディスクはセル移動を無視するとき，ソリッドトーラスにおいて一意的に決まるが，ロンジチュードはメリディアン方向に回転させる自由度があるので，無限の選択肢がある．上の構成 $S^3(O)_2 = S^3$ において，S^2 内の線分 12, 線分 23 は，それぞれ h_1 のロンジチュード，メリディアンに持ち上がり，またそれぞれ h_2 のメリディアン，ロンジチュードに持ち上がる．特に，ホモロジーの同型写像 $f_* : H_1(\partial h_1) \cong H_1(\partial h_2)$ は $f_*([m_1]) = [\ell_2]$ をみたす．2 つのソリッドトーラス h_i ($i = 1, 2$) とそれらのメリディアン m_i, ロンジチュード ℓ_i を用意し，任意の向き逆転同相写像 $f : \partial h_1 \to \partial h_2$ を考える．ホモロジーの同型写像 $f_* : H_1(\partial h_1) \cong H_1(\partial h_2)$ に関して $f_*([m_1]) = p[\ell_2] + a[m_2]$ となるとき，h_i ($i = 1, 2$) を f ではりつけてできた向きづけられた 3 次元閉多様体を (p, a) **型レンズ空間** (lens space of type (p, a)) といい，$L(p, a)$ で表す．補題 3.1.1 により p と a は互いに素な整数である．ここで，$f_*([\ell_1]) = q[\ell_2] + b[m_2]$ に注意を払わない理由は，f により h_2 に $I \times B_1$ (I は x の S^1 における区間近傍を表す) をはりつけてできた多様体は $L(p, a)$ から 3-セル内部をとり除いたものであり，(向き保存同相なものを無視すれば) それから $L(p, a)$ が一意的に構成されるからである．例えば，

$L(1,0) = S^3$ となることがわかる．レンズ空間については，つぎの分類定理が知られている[1]．

定理 S.2.1 レンズ空間 $L(p,a)$ と $L(p',a')$ が向きを保存して同相であるための必要十分条件は，$p' = \varepsilon p$ $(\varepsilon = \pm 1)$ となり，かつ $a' \equiv \varepsilon a \pmod{p}$ あるいは $\varepsilon a a' \equiv 1 \pmod{p}$ がなりたつことである．

証明 まず十分性を示そう．h_2 のメリディアン m_2'，ロンジチュード ℓ_2' を $[m_2'] = -[m_2], [\ell_2'] = -[\ell_2]$ ととることにより，$L(-p,-a) = L(p,a)$ がわかる．また，$[m_2'] = [m_2], [\ell_2'] = [\ell_2] + n[m_2]$ $(n \in \mathbf{Z})$ ととることにより，$L(p, a-np) = L(p,a)$ がわかる．また，h_1 と h_2 を交換して，f^{-1} により h_2 を h_1 にはりつけたものとして $L(p,a)$ を考えれば，

$$f_*([\ell_1],[m_1]) = ([\ell_2],[m_2]) \begin{pmatrix} q & p \\ b & a \end{pmatrix}, \quad aq - pb = -1$$

であるから，

$$f_*^{-1}([\ell_2],[m_2]) = ([\ell_1],[m_1]) \begin{pmatrix} -a & p \\ b & -q \end{pmatrix}$$

となり，$L(p,-q) = L(p,a)$ となる．$aa' \equiv 1 \pmod{p}$ となる任意の整数 a' については，$aq - pb = -1$ より $a' \equiv -q \pmod{p}$ となるから，上の議論から $L(p,a') = L(p,-q) = L(p,a)$ となり，十分性が示される．必要性の証明は，$L(p,a)$ の 2 つのソリッドトーラス分解

$$L(p,a) = h_1 \cup h_2 = h_1' \cup h_2'$$

が与えられたとき，∂h_i $(i=1,2)$ の有限回のセル移動の変形で，$\partial h_1 = \partial h_1'$，すなわち $h_i = h_i'$ $(i=1,2)$ とできることを示せば，後はすでに議論したメリディアンとロンジチュードの選択から結果が示される[2]．$p > 0$ としておく．

---

[1] K. Reidemeister, Homotopieringe undeLinsenräume, *Abh. Math. Sem. Univ. Hamburg*, 11(1935),102–109; E. J. Brody, The topological classification of lens spaces, *Ann. of Math.*, 71(1960), 163–184 参照．ここで紹介する証明は，初等的な証明である．

[2] F. Bonahon, Diffeotopies des espaces lenticulaires, *Topology* 22 (1983), 305–314; C. Hodgson, J. H. Rubinstein, Involutions and isotopies of lens spaces. Knot theory and manifolds (Vancouver, B.C., 1983), 60–96, *Lecture Notes in Math.*, 1144, Springer, Berlin, 1985 で示されている事実である．

$H_1(L(p,a)) \cong \mathbf{Z}_p$ であるが，$p = 1$ ならば $L(p,a) = S^3$ となることは直接示せる．このときには，h_1 と h'_1 は S^3 における自明な結び目のチューブ近傍となるから，有限回のセル移動の変形で $h_1 = h'_1$ とできる．$p > 1$ と仮定しよう．まず，h_2 と h'_1 を十分細いソリッドトーラスに有限回のセル移動で変形することにより，$h_2 \cap h'_1 = \emptyset$ と仮定できる．そのとき，$h_1 \supset h'_1$ となる．さらに，h'_2 と h_1 に同様の変形を施すと，$\bar{h}'_1 \supset h_1 \supset h'_1$ となるようにできる．ここで，$\bar{h}'_1$ は h'_1 を太らせたものであり，

$$(\mathrm{cl}(\bar{h}'_1 \setminus h'_1), \partial h'_1 ; \partial \bar{h}'_1) = (T^2 \times [0,1]; T^2 \times 0, T^2 \times 1)$$

となる．$\bar{h}'_1, h_1, h'_1$ の中心ループは $H_1(L(p,a)) \cong \mathbf{Z}_p$ の生成元を表すから，$T = \partial h_1$ は $T^2 \times [0,1]$ に $H_1(T^2 \times [0,1], T; \mathbf{Q}) = 0$ となるように，すなわち自然な同型 $H_1(T; \mathbf{Q}) \to H_1(T^2 \times [0,1]; \mathbf{Q})$ がなりたつように埋め込まれている．このとき，有限回のセル移動の変形で，$T = T^2 \times 0$ とできること，すなわち h_1 を h'_1 に重ねることができることを示そう．この証明には，$T^2 \times [0,1]$ に埋め込まれた球面は必ず 3-セルの境界になるという 3 次元トポロジーの標準的な事実を利用する．まず，T^2 内に 1 点のみで交叉する単純ループ ℓ, m をとる．$\ell \times [0,1]$ と T はいくつかの単純ループで交わるが，$\ell \times [0,1]$ において 2-セルの境界になるような単純ループは，同型 $H_1(T; \mathbf{Q}) \cong H_1(T^2 \times [0,1]; \mathbf{Q})$ のために，T においても 2-セルの境界になるような単純ループである．T の 2-セルには内部に単純ループが含まれるかも知れないが，これら 2 つの 2-セルでできる球面は $T^2 \times [0,1]$ における 3-セルの境界であるので，そのセル移動によりそれらの単純ループを消去できる．これを繰り返すことにより，$\ell \times [0,1]$ と T の交わる単純ループは $\ell \times 0$ に平行なものばかりに変形できる．$\ell \times 0$ に一番近い単純ループによって分離されるアニュラスに沿ったセル移動により，T の一部を $T^2 \times 0$ における $\ell \times 0$ のアニュラス近傍 N_ℓ に一致するように変形する．つぎに，$\mathrm{cl}(T \setminus N_\ell)$ と $m \times [0,1]$ の交わりは，$T^2 \times 0$ に端点をもつような 1 つの単純弧といくつかの単純ループからなる．$m \times [0,1]$ が単純弧により分離される 2-セル内の単純ループは最も内側にあるものから上と同様の議論により消去できるから，分離された 2-セル内には単純ループは含まれないものとしてよい．この 2-セルに沿ったセル移動により，$\mathrm{cl}(T \setminus N_\ell)$ の一部を $T^2 \times 0$ における $m \times 0$ のアニュラス近傍 N_m から N_ℓ の部分をとり除いたものに一致するように変形する．$\mathrm{cl}(T \setminus (N_\ell \cup N_m))$ および $\mathrm{cl}(T \times 0 \setminus (N_\ell \cup N_m))$ はともに 2-セル

であり，これらでできる球面は $T^2 \times [0,1]$ における 3-セルの境界であるので，そのセル移動により $\mathrm{cl}(T \backslash (N_\ell \cup N_m))$ を $\mathrm{cl}(T \times 0 \backslash (N_\ell \cup N_m))$ に変形できる．こうして，有限回のセル移動により，$T = T^2 \times 0$ と変形できる．□

さて，2橋絡み目 $L = C(a_1, a_2, \ldots, a_n)$ の 2 重分岐被覆空間がレンズ空間になることを示そう．L を図 S.2 のように球面 S で仕切られた 3-セル B_i^3 $(i = 1, 2)$ により分割するとき，タングル $t_i = B_i^3 \cap L$ は自明なタングルである．実際，t_1 は図より明らかである．t_2 については，S^2 上で足元をひねり戻していけば，交差のないタングルの図式が得られることからわかる．したがって，原像 $(p_2)^{-1}(B_i^3)$ はトーラス $(p_2)^{-1}(S^2) = T^2 = S^1 \times S^1$ を境界とするようなソリッドトーラス $h_i = S^1 \times B_i$ になり，$S^3(L)_2$ はレンズ空間になる．問題はこのレンズ空間の型を決定することであるが，つぎのように決定される．

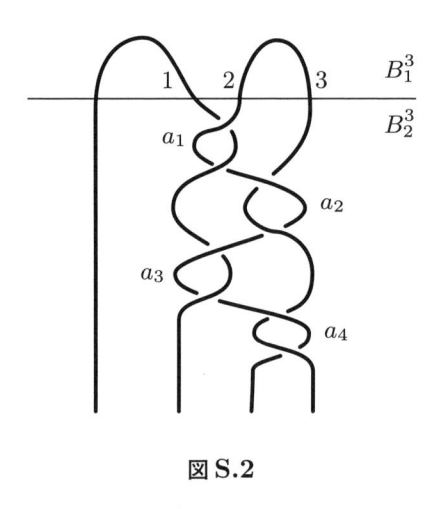

図 S.2

命題 S.2.2 2橋絡み目 $L = C(a_1, a_2, \ldots, a_n)$ の型を (p, a) とするとき，$S^3(L)_2 = L(p, a)$ となる．

証明 まず，$n = 2k$ の場合を示そう．図 S.3 のような $S^2 \times [0,1]$ 内のタングルの 2 重分岐被覆空間は $T^2 \times [0,1]$ になるが，線分 $1'2'$ および線分 $2'3'$ の $T^2 \times 1$ への持ち上げ ℓ', m' は $H_1(T \times 1)$ の基底をつくり，また線分 $1''2''$ および線分 $2''3''$ の $T^2 \times 0$ への持ち上げ ℓ'', m'' は $H_1(T \times 0)$ の基底をつくる．それらの

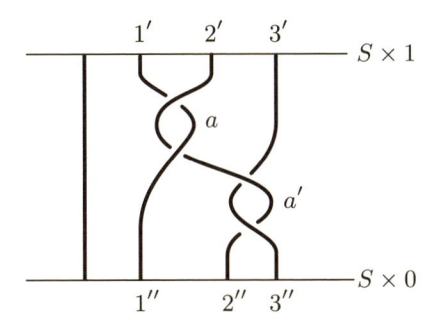

S.2. 2橋絡み目とプレッツェル絡み目の2重分岐被覆　159

図 S.3

基底の間の関係はつぎのようになる：

$$\begin{pmatrix} [m'] \\ [\ell'] \end{pmatrix} = \begin{pmatrix} aa'+1 & -a \\ -a' & 1 \end{pmatrix} \begin{pmatrix} [m''] \\ [\ell''] \end{pmatrix}.$$

この行列はつぎのように分解して考えると理解しやすい．

$$\begin{pmatrix} aa'+1 & -a \\ -a' & 1 \end{pmatrix} = \begin{pmatrix} 1 & -a \\ 0 & 1 \end{pmatrix} \begin{pmatrix} 1 & 0 \\ -a' & 1 \end{pmatrix}.$$

図 S.2 における線分 12, 23 はソリッドトーラス h_1 のロンジチュード ℓ, メリディアン m に持ち上がる．一方，図 S.2 の最下部は，n が偶数なので，図 S.4 のようになっている．この図において，S_0^2 は仕切り球面を表しており，線分 $1^0 2^0$，および線分 $2^0 3^0$ は，それぞれ S_0^2 により仕切られた3-セル B_0^3 の持ち上

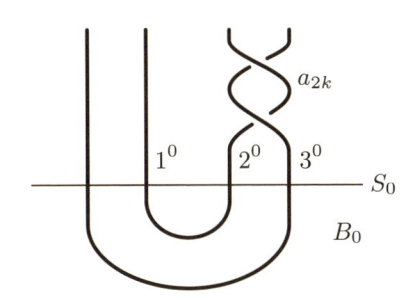

図 S.4

げのソリッドトーラス $V_0 = (p_2)^{-1}(B_0^3)$ のメリディアン m_0 とロンジチュード ℓ_0 に持ち上がる.

$$\begin{pmatrix} [m] \\ [\ell] \end{pmatrix} = \begin{pmatrix} p & q \\ r & s \end{pmatrix} \begin{pmatrix} [\ell_0] \\ [m_0] \end{pmatrix} \quad (ps - qr = 1)$$

とおくとき，定義により $S^3(L)_2 = L(p,q)$ となり，$qr \equiv -1 \pmod{p}$ に注意するとき，

$$[a_1, a_2, \ldots, a_{2k-1}, a_{2k}] = \frac{-r}{p}$$

を示せばよい. この等式は,

$$\begin{pmatrix} p & q \\ r & s \end{pmatrix} = \begin{pmatrix} a_1 a_2 + 1 & -a_1 \\ -a_2 & 1 \end{pmatrix} \cdots \begin{pmatrix} a_{2k-1} a_{2k} + 1 & -a_{2k-1} \\ -a_{2k} & 1 \end{pmatrix}$$

となることから，k に関する数学的帰納法により示される．$n = 2k - 1$ の場合は,

$$C(a_1, a_2, \ldots, a_{2k-1}) = C(a_1, a_2, \ldots, a_{2k-1} \pm 1, \mp 1) \text{ (複合同順)}$$

であるから，$n = 2k$ の場合に帰着できる. □

さて，2 橋絡み目の分類定理の証明を完成させるには，つぎの命題を証明すれば十分である.

命題 S.2.3 $a \equiv a' \pmod{p}$ または $aa' \equiv 1 \pmod{p}$ を満たすような型 (p,a), (p,a') の 2 橋絡み目 L と L' は（ひもの向きを無視して）同型である.

証明 補題 4.2.1 (2) を使うと，$a \equiv a' \pmod{p}$ である場合に帰着できる．さらに，$C(a_1, a_2, \ldots, a_n) = C(\pm 1, \mp 1 - a_1, -a_2, \ldots, -a_n)$ (複合同順) を繰り返し使うことにより，$a = a'$ であると仮定できる．このとき，$L = C(a_1, a_2, \ldots, a_n)$, $L' = C(a_1', a_2', \ldots, a_{n'}')$ とおく．これらの 2 橋絡み目図式において，図 S.2 の B_2^3 内のタングルをそれぞれ $t = t(a_1, a_2, \ldots, a_n)$, $t' = t(a_1', a_2', \ldots, a_{n'}')$ で表す．$a_1 a_1' = 0$ あるいは $n = 2$ かつ $a_1 = a_2 = 0$ という場合を許して，傾きが一致する，すなわち $[a_1, a_2, \ldots, a_n] = [a_1', a_2', \ldots, a_{n'}']$ ならば，これらのタングルは強同値であることを，$t(a_1, a_2, \ldots, a_n)$ の交差点の個数に関する数学的

帰納法により示す．交差点がない場合は，$t = t(0)$ または $t(0,0)$ で，$[0] = \infty$，$[0,0] = 0$ となる．t の 1 本のひもの両端をつなぐ線分 23 または線分 12 を囲む $S = \partial B_2^3$ 内の単純ループは，t で分岐する B_2^3 の 2 重分岐被覆空間であるソリッドトーラス V の 2 本のメリディアンループに持ち上がり，それは被覆変換 τ で移りあうような 2 枚の交叉しないメリディアンディスクの境界である．したがって，傾きが一致するという仮定により t' の 1 本のひもの両端をつなぐ線分 23 または線分 12 を囲む $S = \partial B_2^3$ 内の単純ループ m' は，t' で分岐する B_2^3 の 2 重分岐被覆空間であるソリッドトーラス V' の，被覆変換 τ' で移りあう 2 本のメリディアンループ m_1', m_2' に持ち上がる．この主張は，$a_1' \neq 0$ ならば，線分 23 または線分 12 の持ち上げの命題 S.2.2 の証明の計算からわかる．また $a_1' = 0$ のときには，タングル t' の付け根を一定のやり方で動かして，$t' = t(-a_2', -a_3', \ldots, -a_{n'}')$ とみなせば，$t(0), t(0,0)$ も同じやり方で動かすと $t(0,0), t(0)$ に変わるのだから，命題 S.2.2 の証明の計算からこの場合も示すことができる．m_1' はメリディアンディスク B の境界であるが，結び目理論ではよく知られた同変ループ定理[3] によって，$\tau'(B) \cap B = \emptyset$ となるようなものを選ぶことができる．この B の B_2^3 における射影となるような 2-セルは，タングル t' を 2 本のひもを分離したタングルに分け，それぞれのひもが自明であることから t' は t に強同値となることがわかる．つぎに，$a_1 \neq 0$ のとき，$t(0, a_2, \ldots, a_n)$ は $t(a_1' - a_1, a_2', \ldots, a_{n'}')$ と同じ傾きをもつから，数学的帰納法の仮定からそれらは強同値となり，その結果 t と t' は強同値になる．$a_1 = 0$ のときには，$t(a_3, a_4, \ldots, a_n)$ と $t(0, -a_2, a_1', a_2', \ldots, a_{n'}')$ ($a_1' \neq 0$ のとき) または $t(0, a_2' - a_2, \ldots, a_{n'}')$ ($a_1' = 0$ のとき) は数学的帰納法の仮定からそれらは強同値となり，その結果 t と t' は強同値になる．□

3 次元閉多様体 M が**ザイフェルト多様体** (Seifert manifold)[4] であるというのは，M がつぎの条件をみたすような単純ループの族の和集合になることである：すなわちその条件とは，各単純ループがソリッドトーラスに同相な単純ループの部分族の和集合を近傍としてもつことである．これを**ザイフェルトソリッドトーラス** (Seifert solid torus) という．各単純ループをザイフェルト多様体の**ファイバー** (fiber) という．ザイフェルトソリッドトーラスを標準的に $\mathbf{R}^3$ に

---

[3] 例えば，付録の文献 [2] の解説などを見られよ．
[4] H. Seifert and W. Threlfall, *A textbook of topology*, Academic Press(1980).

埋め込むとき，その境界上のファイバーが (p,a) 型トーラス結び目になるならば，そのザイフェルトソリッドトーラスは (p,a) 型であるという．各単純ループを1点に縮めることにより，ザイフェルトソリッドトーラスは2-セルになるので，ザイフェルト多様体 M は**底空間** (base space) と呼ばれる曲面 $S(M)$ になる．例えば，レンズ空間 $L(p,a)$ $(a \neq 0)$ は定義から底空間 S^2 上のザイフェルト多様体になることがわかる．2橋絡み目の2重分岐被覆としてレンズ空間 $L(p,a)$ は被覆変換 t をもつが，それはレンズ空間 $L(p,a)$ のザイフェルト多様体のファイバー族を向きを逆転するように保存している．重要な一般的事実として，レンズ空間 $L(p,a)$ のような S^3 を被覆空間としてもつようなザイフェルト多様体 M のファイバー族を向きを逆転するように保存する被覆変換 t は，一意的にしか存在しえないことが知られている[5]．そのことから，$L(p,a)$ を分岐被覆としてもつような絡み目は，絡み目の同型を除いて型 (p,a) の2橋絡み目しか存在しないことがわかる．これが，定理 4.2.3 がなりたつ究極の理由である．2橋結び目は可逆的結び目なので，向きについて注意を払わないが，2成分の向き付けられた2橋絡み目についても H. Schubert によりつぎのような分類結果が知られている[6]：型 (p,a), (p',a') の2成分の向き付けられた2橋絡み目 L と L' が同型である必要十分条件は，$p = p'$ となり，かつ $a \equiv a' \pmod{2p}$ または $aa' \equiv 1 \pmod{2p}$ をみたすことである．

プレッツェル絡み目 $P(c; d_1, d_2, \ldots, d_n)$ の2重分岐被覆空間 M は，自然なザイフェルト多様体とみなした $S^1 \times S^2$ から，$|c|$ 個の $(1,0)$ 型ザイフェルトソリッドトーラスを $(c/|c|, 1)$ 型ザイフェルトソリッドトーラスで置きなおし，さらに n 個の $(1,0)$ 型ザイフェルトソリッドトーラスを $(d_i, 1)$ $(i = 1, 2, \ldots, n)$ 型ザイフェルトソリッドトーラスで置きなおして得られるような底空間 S^2 上のザイフェルト多様体で，被覆変換 t は M のファイバー族を向きを逆転するように保存している．もっと一般に，J. M. Montesinos は底空間 S^2 上のすべての（向き付け可能な）ザイフェルト多様体は，プレッツェル絡み目を一般化した**モンテシノス絡み目** (Montesinos links) の2重分岐被覆空間で，その被覆変換 t は M のファイバー族を向きを逆転するように保存することを示した．プ

---

[5] 概説論文 M. Reni and B. Zimmermann, Hyperbolic 3-manifolds and cyclic branched coverings of knots and links, *Atti Sem. Mat. Fis. Univ. Modena*, 49(2001), 135–153 を参照せよ．

[6] H. Schubert, Knoten mit zwei Brücken, *Math. Z.*, 61(1956), 133–170.

レッツェル絡み目の分類定理，すなわち定理 4.3.2 は，このような仕組みを使うことにより，A. Kawauchi, Classification of pretzel knots, *Kobe J. Math.*, 2(1985), 11–22 で示されている．実際の証明は，プレッツェル結び目に対してのみ与えてあるが，連結でないプレッツェル絡み目に対しても，同様な方法で示すことができる．$n \geq 3$ の場合の証明の核心を述べるために，$A = \sum_{i=1}^{n} \frac{1}{|d_i|}$ とおく．被覆変換 t は底空間 S^2 にも作用し，同値関係 $t(x) \sim x$ $(x \in S^2)$ による商空間 $S^2/\sim$ は，

$$A > n-2, \quad A = n-2, \quad A < n-2$$

に従って，それぞれ球面，平面，双曲平面内の凸 n 角形で，頂点の内角が順に $\frac{\pi}{|d_i|}$ $(i = 1, 2, \ldots, n)$ であるようなものと同一視することができ，しかも辺における折り返しを繰り返すことによりそれぞれ球面，平面，双曲平面全体を覆いつくすことができることが重要な点である．このような"タイルはり"がプレッツェル絡み目の同型に対して不変になることから証明が可能となる．

S.3. ゲーリッツ不変量の位相幾何的意味

連結図式 D を球面 $S^2 = \mathbf{R}^2 \cup \{\infty\}$ 上で考えよう．ゲーリッツ不変量と退化次数と分岐被覆の関係についてのつぎの命題を示す．

命題 S.3.1 絡み目 L の連結図式 D の黒領域を X_i $(i = 0, 1, \ldots, m)$ とする．このとき，L を分岐集合とする S^3 上の2重分岐被覆 $M = S^3(L)_2$ を境界とする4次元コンパクト単連結多様体 U_M で，$H_2(U_M)$ の生成元 x_i $(i = 0, 1, \ldots, m)$ で，つぎをみたすようなものが存在する．

(1) $\sum_{i=0}^{m} x_i = 0$ かつ x_i $(i = 0, 1, \ldots, m)$ のうちから1つの元を除けば $H_2(U_M)$ の基底になる．

(2) 交叉形式
$$\mathrm{Int} : H_2(U_M) \times H_2(U_M) \longrightarrow \mathbf{Z}$$
に関して $m+1$ 次正方行列 $(\mathrm{Int}(x_i, x_j))$ がゲーリッツ行列 G に一致する．

証明 連結図式 D の白黒彩色の黒領域全体は球面 $S^2 = \mathbf{R}^2 \cup \{\infty\}$ 上の互いに交わらない $m+1$ 個の 2-セル B_i $(i = 0, 1, \ldots, m)$ に，互いに交わらない u 個

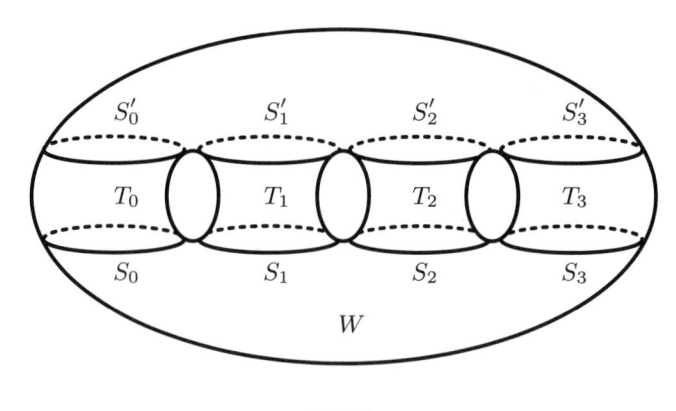

図 S.5

の半ひねりバンド B'_k ($k = 1, 2, \ldots, u$) をその縁に沿ってつなぐことにより得られる（補題 5.3.4）．B'_k の符号を ε_k ($= \pm 1$) とする．$m+1$ 成分自明絡み目 $O^{m+1} = \coprod_{i=0}^{m} \partial B_i$ を分岐集合とする S^3 上の 2 重分岐被覆

$$p_0 : M_0 \longrightarrow S^3$$

を考える．S^3 における B_i ($i = 0, 1, \ldots, m$) の互いに交わらない 3-セル近傍 V_i ($i = 0, 1, \ldots, m$) をとり，$W = \mathrm{cl}(S^3 \setminus \cup_{i=0}^{m} V_i)$, $S_i = \partial V_i$ とおく．このとき，$p_0^{-1}(W)$ は W の 2 個のコピー (W, W' で表す) の直和であり，$T_i = p_0^{-1}(V_i)$ は球面環 $S^2 \times [-1, 1]$ に同相になる．球面環 T_i の境界 ∂T_i は S_i の 2 個のコピー (S_i, S'_i で表す) の直和である．ただし S'_i は W' の境界に属する方と定めておく．このようにとると，2 重分岐被覆 M_0 は W, W' と球面環 T_i ($i = 0, 1, \ldots, m$) をその境界に沿ってはりつけることにより得られたものといえる（図 S.5 参照）．S^3 における半ひねりバンド B'_k ($k = 1, 2, \ldots, u$) の互いに交わらない 3-セル近傍 $V_k^{B'}$ ($k = 1, 2, \ldots, u$) をとる．ただし，$t_k = V_k^{B'} \cap O^{m+1}$ は図 S.6 に示されたようなタングルからなるものとする．原像 $p_0^{-1}(V_k^{B'})$ はソリッドトーラスになる．半ひねりバンド B'_k が領域 X_i と X_j をつないでいる場合には，$p_0^{-1}(V_k^{B'})$ は M_0 において，図 S.7 に示されたような位置にある．いま，t_k の代わりに，t_k の一部 $b_k = \partial B'_k \cap O^{m+1}$ を $b'_k = \mathrm{cl}(\partial B'_k \setminus b_k)$ で置き換えて得られるタングル t'_k を考える（図 S.8 参照）．ただし，図内の左右の選択は符号 ε_k によって定まることに注意しておこう．このとき，自明絡み目 O^{m+1} か

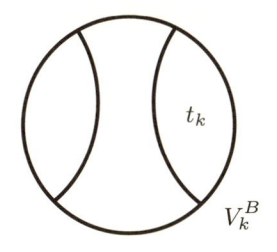

S.3. ゲーリッツ不変量の位相幾何的意味　165

図 S.6

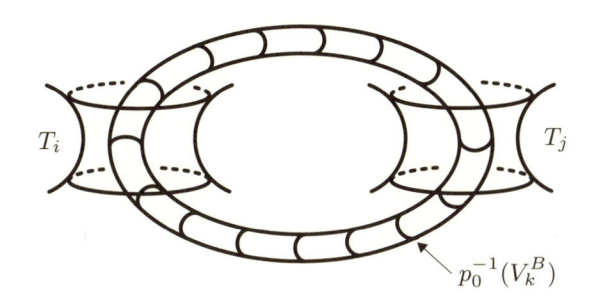

図 S.7

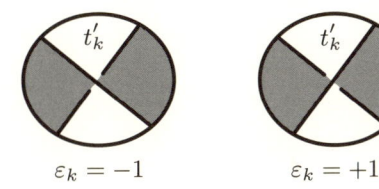

図 S.8

ら図式 D が作られる．したがって，D を分岐集合とする S^3 上の 2 重分岐被覆 $p: M \to S^3$ を考えるとき，M は，各 k に対してソリッドトーラス $p_0^{-1}(V_k^{B'})$ をソリッドトーラス $p^{-1}(V_k^{B'})$ で置き換えることにより得られることになる．ソリッドトーラス $p^{-1}(V_k^{B'})$ の境界を $p_0^{-1}(V_k^{B'})$ のものと同一視しておくとき，図 S.9 に示されたループがソリッドトーラス $p^{-1}(V_k^{B'})$ のメリディアンループになっている（図内の左右の選択は符号 ε_k によって定まる）．

$\varepsilon_k = -1$ 　　　　　　　　　$\varepsilon_k = +1$

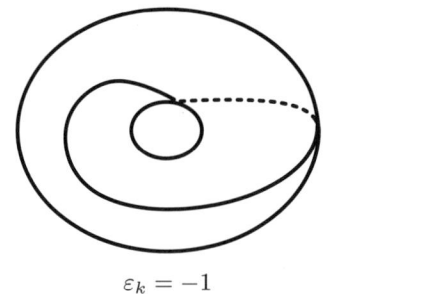

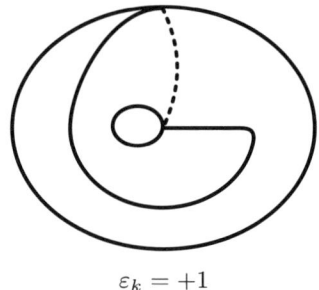

図 S.9

　M を境界とする 4 次元コンパクト単連結多様体 U を構成しよう. M_0 は $U_0 = W \times [0,1]$ の境界と考えることができる. B を複素平面内の単位円板とするとき, u 個の $B \times B$ のコピー $B \times B_k$ $(k = 1, 2, \ldots, u)$ を用意し, ソリッドトーラス $(\partial B) \times B_k$ をソリッドトーラス $p_0^{-1}(V_k^{B'})(\subset M_0 = \partial U_0)$ に, ループ $(\partial B) \times 1_k$ が図 S.9 に示されたループと一致するように同一視する. このとき, W は単連結であるから

$$U = U_0 \cup_{k=1}^{u} B \times B_k$$

は M を境界とする 4 次元コンパクト単連結多様体となる. 構成から, $B \times 0_k$ $(k = 1, 2, \ldots, u)$ は U において互いに交わらない球面 Σ_k で $\mathrm{Int}(\Sigma_k, \Sigma_k) = \varepsilon_k$ となるようなものに拡張することがわかる. $H_2(U)$ は $[S_i]$ $(i = 0, 1, \ldots, m)$ のうちから 1 個とり除いたものと $y_k = [\Sigma_k]$ $(k = 1, 2, \ldots, u)$ からなる集合を基底にもつ自由アーベル群である. y_k $(k = 1, 2, \ldots, u)$ で生成された $H_2(U)$ の自由アーベル部分群を Y とおく.

$$x_i = [S_i] - \sum_{k=1}^{s} \varepsilon_k \, \mathrm{Int}(y_k, [S_i]) y_k \quad (i = 0, 1, \ldots, m)$$

で生成された $H_2(U)$ の自由アーベル部分群を X とおく. $H_2(U)$ において $\sum_{i=0}^{m}[S_i] = 0$ だから, $\sum_{i=0}^{m} x_i = 0$ となることがわかる. 構成から $H_2(U) = X \oplus Y$ かつ $\mathrm{Int}(X, Y) = 0$ となることもわかる. $i \neq j$ のときの $\mathrm{Int}(x_i, x_j)$ を

計算しよう．$\mathrm{Int}([S_i],[S_j])=0$, $\mathrm{Int}(y_k,y_{k'})=0$ $(k\neq k')$, ε_k $(k=k')$ だから

$$\mathrm{Int}(x_i,x_j) = \mathrm{Int}([S_i],[S_j]) - 2\sum_{k=1}^{u}\varepsilon_k\,\mathrm{Int}(y_k,[S_i])\,\mathrm{Int}(y_k,[S_j])$$

$$+ \sum_{k,k'=1}^{u}\varepsilon_k\varepsilon_{k'}\,\mathrm{Int}(y_k,S_i)\,\mathrm{Int}(y_{k'},[S_j])\,\mathrm{Int}(y_k,y_{k'})$$

$$= -\sum_{k=1}^{u}\varepsilon_k\,\mathrm{Int}(y_k,[S_i])\,\mathrm{Int}(y_k,[S_j])$$

となる．球面 S_i $(i=0,1,2,\ldots,m)$ の向きは W の境界として W から定まる向きを採用しよう．このとき，$-\mathrm{Int}(y_k,[S_i])\,\mathrm{Int}(y_k,[S_j])$ は，半ねじれバンド B_k が領域 X_i と X_j をつなぐときに値 1 をとり，そうでなければ値 0 をとることがわかる．よって，$\mathrm{Int}(x_i,x_j)$ は X_i と X_j の連結指数 a_{ij} に一致する．さらに，

$$\mathrm{Int}(x_i,x_i) = -\sum_{j=0,j\neq i}^{m}\mathrm{Int}(x_i,x_j) = -\sum_{j=0,j\neq i}^{n}a_{ij} = a_{ii}$$

となるから，行列 $(\mathrm{Int}(x_i,x_j))$ は白黒彩色の黒領域 X_i $(i=0,1,\ldots,m)$ によるゲーリッツ行列 G と一致する．求める U_M を構成するためには，Σ_k のチューブ近傍 $N(\Sigma_k)$ はその境界 $\partial N(\Sigma_k)$ が球面 S^3 に同相になることに注意する必要がある．そのとき，各 k について，$N(\Sigma_k)$ を 4 次元球体で置き換えれば，求める U_M が得られる．□

命題 S.3.1 はつぎの興味深い結果を含んでいる：

系 S.3.2 絡み目 L を分岐集合とする S^3 上の 2 重分岐被覆 $M=S^3(L)_2$ のホモロジー $H_1(M)$ は，つぎのように計算される：

$$H_1(M)\cong \boldsymbol{Z}_{k_1}\oplus \boldsymbol{Z}_{k_2}\oplus\cdots\oplus \boldsymbol{Z}_{k_s}$$

ここで，$k_*=(k_1,k_2,\ldots,k_s)$ は L のゲーリッツ不変量を表す．

証明 命題 S.3.1 において X の適当な基底 $\{x'_1,x'_2,\ldots,x'_m\}$, $\{x''_1,x''_2,\ldots,x''_m\}$ をとれば，m 次正方行列

$$(\mathrm{Int}(x'_i,x''_j)) = (1)^{m-s}\oplus(k_1)\oplus(k_2)\oplus\cdots\oplus(k_s)$$

とできる．ここで，$(1)^{m-s}$ は (1) の $m-s$ 個のブロック和（すなわち，$m-s$ 次の単位行列）を表し，また $k_* = (k_1, k_2, \ldots, k_s)$ は G のゲーリッツ不変量（すなわち，G_1 のねじれ不変量）を表す．集合 x_i' $(i=1,2,\ldots,m)$ は $H_2(U_M)$ の基底であるから，ポアンカレ双対性により

$$\mathrm{Int}(x_i', x_j^*) = \delta_{ij} \quad (i,j = 1, 2, \ldots, m)$$

となるような $H_2(U_M, M)$ の基底 x_i^* $(i=1,2,\ldots,m)$ が存在する．自然な写像 $j_* : H_2(U_M) \longrightarrow H_2(U_M, M)$ に対し，

$$j_*(x_1'' x_2'' \cdots x_m'') = (x_1^* x_2^* \cdots x_m^*) J$$

とおくとき，行列 J はブロック和

$$(1)^{m-s} \oplus (k_1) \oplus (k_2) \oplus \cdots \oplus (k_s)$$

で与えられる．実際，$j_*(x_i'')$ の x_k^* の係数を v_{ki} とおくと，

$$v_{ki} = \mathrm{Int}(x_k', j_*(x_i'')) = \mathrm{Int}(x_k', x_i'')$$

となる．こうして，ホモロジー完全列

$$H_2(U) \xrightarrow{j_*} H_2(U, M) \xrightarrow{\partial} H_1(M) \to 0$$

から，求める結果を得る．□

有限生成可換群 H を積演算で表記すれば，1 以外の負でない整数 p_i $(i=1,2,\ldots,m)$ に対して，

$$H = \langle h_1, h_2, \ldots, h_m \mid h_i^{p_i} = 1, h_i h_j = h_j h_i \, (i,j = 1,2,\ldots,m) \rangle$$

のように表示される．そのとき，群 H の **Z_2-拡大**（Z_2-extension）$H(2)$ とは，つぎの表示で与えられる群のことである：

$$H(2) = \langle \tau, h_1, h_2, \ldots, h_m \mid \tau^2 = 1, \tau h_i \tau = h_i^{-1},$$
$$h_i^{p_i} = 1, h_i h_j = h_j h_i \, (i,j = 1, 2, \ldots, m) \rangle$$

群 $H(2)$ は群 H の表示によらないことはすぐわかる．奇数 $p > 1$ に対し，H を位数 p の巡回群，すなわち $H = \langle h | h^p = 1 \rangle$ とするとき，$H(2)$ は位数 $2p$ の 2

面体群 D_p となる．この群の位数 2 の元は $h^i\tau$ $(i \in \mathbb{Z})$ と表され，$h^i\tau = h^{i'}\tau$ $\leftrightarrow i \equiv i' \pmod{p}$ となることに注意しよう．以下の議論では，この位数 2 の元を**色** (color) とよぶことにする．

定義 S.3.3 奇数 $p > 1$ に対し，絡み目 L の図式 D が **p 彩色可能** (p-colorable) であるとは，D の（交差点の間の）各辺をつぎの (1), (2) をみたすように色づけされることである．

(1) 図 S.10 のような交差点のまわりの色の間には $i \equiv i' \pmod{p}$ かつ $j+j' \equiv 2i \pmod{p}$ という関係がある．
(2) 使用される色で D_p は生成される．

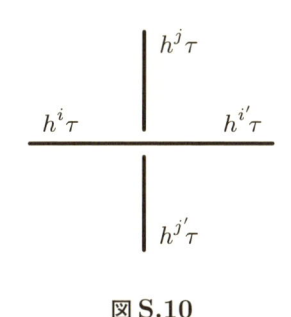

$$\begin{array}{c} h^j\tau \\ h^i\tau \quad | \quad h^{i'}\tau \\ h^{j'}\tau \end{array}$$

図 S.10

条件 (2) については，さらにつぎのような補足説明が必要だろう．

補題 S.3.4 定義 S.3.3 の条件 (2) がみたされるならば，使用される色は 2 色以上である．逆に，使用される色が 2 色以上ならば，それらで生成される D_p の部分群は p を割り切る奇数 $p' > 1$ についての位数 $2p'$ の 2 面体群 $D_{p'}$ になる．特に，p が奇素数ならば，(2) は使用される色が 2 色以上であることと同値である．

証明 D_p は非可換で，使用される色で生成されるのだから，2 色以上なければならない．逆に，2 色以上の色 $h^{i_j}\tau$ $(j = 1, 2, \ldots, s)$ が使用されるとき，それらで生成される部分群は h^{i_j} $(j = 1, 2, \ldots, s)$ で生成される $\langle h | h^p = 1 \rangle$ の部分群 H' の $\mathbb{Z}_2$-拡大である．この群 H' は p を割り切る奇数 $p' > 1$ に対する群 $\langle h | h^{p'} = 1 \rangle$ に同型である．特に，p が奇素数ならば，$p' = p$ となる． $\square$

つぎの命題は，図式の彩色可能性の位相不変性を示している．

命題 S.3.5 絡み目 L の図式 D が p 彩色可能である必要十分条件は，p が L のゲーリッツ不変量 $k_*(L) = (k_1, k_2, \ldots, k_s)$ の k_s を割り切ることである．

例えば，第 5 講において，図 5.1 は 37 彩色可能，図 5.4（三葉結び目）は 3 彩色可能，図 5.5（ホップの絡み目）と図 5.6（ホワイトヘッド絡み目）は各奇数 $p > 1$ について p 彩色不能である．また，2 成分以上の自明な絡み目は，各奇数 $p > 1$ について p 彩色可能である．

証明 例えば，付録のクロウェル・フォックスの本 [9] により，L の基本群 $G(L) = \pi_1(\mathbf{R}^3 \backslash L, x)$ の表示を理解する必要がある．各メリディアンの元 x について関係式 $x^2 = 1$ を導入した群 G_2 を考えよう．G_2 の群表示としてつぎのようなものがとれる：すなわち，D の各辺 x_i $(i = 1, 2, \ldots, m)$ を生成元とし，関係式として $x_i^2 = 1$ $(i = 1, 2, \ldots, n)$ 以外に，図 S.11 のような各交差点のまわりで，$x_i = x_{i'}$ かつ $x_{j'} = x_i x_j x_i$ がある．L の図式 D が p 彩色可能であると仮定しよう．そのとき，各辺 x_i についた色を $\phi(x_i) = h^{m(i)}\tau \in \mathbf{D}_p$ で表すと，

$$\phi(x_i)^2 = (h^{m(i)}\tau)^2 = 1 = \phi(1)$$

かつ図 S.11 のような交差点のまわりで

$$\phi(x_i) = h^{m(i)}\tau = h^{m(i')}\tau = \phi(x_{i'}),$$
$$\phi(x_{j'}) = h^{m(j')}\tau = h^{2m(i)-m(j)}\tau$$
$$= h^{m(i)}\tau h^{m(j)}\tau h^{m(i)}\tau = \phi(x_i)\phi(x_j)\phi(x_i)$$

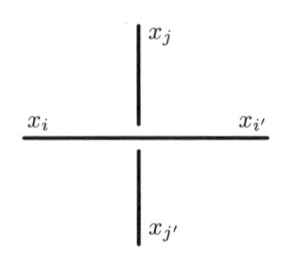

図 S.11

がなりたつことから，ϕ は全射準同型写像 $\phi: G_2 \to \boldsymbol{D}_p$ を定義する．L を分岐集合とする S^3 上の 2 重分岐被覆 $M = S^3(L)_2$ の基本群 $G_M = \pi_1(M, x)$ は G_2 の指数 2 の部分群である．交換子群 $[G_M, G_M]$ は G_2 の正規部分群で，その商群 $\hat{G}_2 = G_2/[G_M, G_M]$ はホモロジー $H_1(M)$ を乗法群と考えた群 $H \cong G_M/[G_M, G_M]$ の $\boldsymbol{Z}_2$-拡大になる．実際，$\hat{G}_2$ が H の $\boldsymbol{Z}_2$-拡大になるのは，$h \in H$ と商群 $\hat{G}_2/H = G_2/G_M$ の（どの生成元 $x_i \in G_2$ によっても代表できる）代表元 $\tau \in \hat{G}_2$ に対し，元 $\tau h \tau \in H$ は，ホモロジー $H_1(M)$ の言葉では被覆変換 t の $h \in H_1(M)$ への作用 $t \cdot h$ のことであり，命題 S.1.2 より $\tau h \tau = t \cdot h = h^{-1}$ がなりたつからである．ϕ から誘導された全射準同型写像 $\hat{\phi}: \hat{G}_2 \to \boldsymbol{D}_p$ は $\hat{\phi}(h\tau) = \hat{\phi}(h)\tau$ をみたすから，$\hat{\phi}$ は全射準同型写像

$$\psi: H \longrightarrow \langle h | h^p = 1 \rangle$$

を定義している．その結果，系 S.3.2 により，p は k_s を割り切らねばならないことがわかる（ヒント：p の素因数分解を考えると理解しやすい）．逆に，p は k_s を割り切ると仮定する．そのとき，全射準同型写像

$$\psi: H \longrightarrow \langle h | h^p = 1 \rangle$$

が存在し，その $\boldsymbol{Z}_2$-拡大をとり，上に述べた構成を検証すれば，D の各辺 x_i を $\boldsymbol{D}_p$ の色に移すような全射準同型写像

$$\phi: G_2 \longrightarrow \hat{G}_2 \longrightarrow \boldsymbol{D}_p$$

が構成されることがわかる．この写像により，L の図式 D は p 彩色可能となる． □

付録

補遺，参考書，問題の解説

第1講 結び目・絡み目の同型の考え方は，この本では初学者が取り組みやすいようにライデマイスター移動により定義しているが，結び目・絡み目を移すような向き保存同相写像の存在により定義するのが，普通である．この2つの定義が同値であることの証明は，

[1] G. Burde, H. Zieschang, *Knots*, de Gruyter(1986)

[2] 筆者編著,『結び目理論』, シュプリンガー・フェアラーク東京（株）(1990)；（英語拡大版），*A Survey of Knot Theory*, Birkhäuser(1996)

を参照されたい．結び目の小学生，中学生，高校生に対する数学教育の取組みに関しては，報告集

[3] 「結び目の数学教育」研究プロジェクト（筆者・柳本朋子編），「結び目の数学教育」への導入——小学生・中学生・高校生を対象として——, 21世紀COEプログラム"結び目を焦点とする広角度の数学拠点の形成"における教育的活動 (2005)

がある．例えば氷や水あるいは気体の分子のある集合（系という）に対し，その系のとり得る状態（ステイト）の集合を S とする．S の元（つまりステイト）s に対し，そのステイトの固有エネルギー $E(s)$ が与えられていると仮定する．このとき，この系に関する**分配関数** (partion function) あるいは**状態和** (sum over states) Z とは，つぎの式で定義される関数である：

$$Z = \sum_{s \in S} e^{-E(s)/kT}$$

ここで，k はボルツマン定数，T は絶対温度と呼ばれる定数である．相転移などの統計力学の具体的な問題の多くは，この分配関数の計算に帰着するが，実際

の複雑な系に対して，これを正しく求めることは非常に困難とされる．そこで，実在の対象を数学的に模型（モデル）化した（ヤン・バクスター方程式を満たす）ものが考察される．それと関連して，実際にジョーンズ多項式，スケイン多項式など，絡み目のいろいろな多項式不変量が構成される．第6講のジョーンズ多項式はその構成の類似として構成される．結び目の数学と物理との関連の説明については

[4] L. H. カウフマン（鈴木晋一・筆者監訳），『結び目の数学と物理』，培風館 (1995)

[5] 大槻知忠編著，『量子不変量』，日本評論社 (1999)

[6] 村上順，『結び目と量子群』，朝倉書店 (2000)

[7] 和達三樹，『結び目と統計力学』，岩波書店 (2002)

が参考になるだろう．空間グラフについては，

[8] 小林一章，『空間グラフの理論』，培風館 (1995)

が参考になるだろう．結び目理論の DNA 解析への応用としては，トポイソメラーゼのような酵素の DNA への作用の仕方を，タングルの連立方程式を解くことにより，明らかにした点を挙げることができるだろう[1]．**曲面結び目** (surface-knot)（すなわち4次元空間 $\boldsymbol{R}^4$ 内の曲面）F が**自明** (trivial) であるとは，$\boldsymbol{R}^4$ 内のハンドル体の境界になることであり，それは $\boldsymbol{R}^4$ の超平面に自己交叉なしに押し込むことができることと同値である[2]．曲面結び目 F が自明でないことを示すのによく用いられる方法は，**曲面結び目群** (surface-knot group) $\pi = \pi_1(\boldsymbol{R}^4 \backslash F, x)$（$x$ は基点を表す）が $\boldsymbol{Z}$ に同型でないことを示すことである．というのは，自明な曲面結び目群は $\boldsymbol{Z}$ に同型になるからである．まず

[9] R. H. クロウェル，R. H. フォックス（寺阪英孝，野口広訳），『結び目理論入門』，岩波書店 (1967)

---

[1] C. Ernst, D. W. Sumners, A calculus for rational tangles; applications to DNA recombination, *Math. Proc. Cambridge Philos. Soc.*, 108(1990), 489–515.

[2] F. Hosokawa, 筆者, Proposals for unknotted surfaces in 4-spaces, *Osaka J. Math.*, 16(1979), 233–248 を参照せよ．

に述べられた方法（ファン・カンペン定理）を駆使して，曲面結び目群の群表示を動画法[3]によって表示された図式より求め，それから [9] の自由微分により得られたアレクサンダー行列の初等イデアルを計算するのである．例えば，第 1 講の図 1.17 の球面結び目 K の 1 番初等イデアルは $(2t^{\pm 1} - 1)$ と計算され，自明の場合のイデアル (1) とは異なり，自明でないことがわかる．曲面結び目群 π の交換子部分群を 2 重交換子部分群で割って得られる Λ-加群 $M(K)$ を曲面結び目 K の 1 番**アレクサンダー加群** (first Alexander module) という．π の自由微分により得られたアレクサンダー行列の k 番初等イデアルは 8.2 節で定義された K の 1 番アレクサンダー加群 $M(K)$ の $(k-1)$ 番初等イデアルになることは，自由微分により得られたアレクサンダー行列は $M(K) \oplus \Lambda$ の表現行列となることからわかる．**概自明絡み目** (almost trivial link) とは，どの結び目成分をとり除いても残りの絡み目が自明絡み目であるような自明でない絡み目のことである．ボロミアン環はその代表的な絡み目である．量子テレポーテーションや量子暗号などの量子計算において中核をなす量子の**からみあい** (entanglement) とこの概自明絡み目が本質的に関係することが，最近指摘されている（例えば，つぎの本を参照されたい）．

[10] アミール D. アクゼル（水谷淳訳），『量子のからみあう宇宙』，早川書房 (2004).

結び目理論全般の初歩的な入門書としては，

[11] C. C. アダムス（金信泰造訳），『結び目の数学——結び目理論への初等的入門——』，培風館 (1998)

がある．また，結び目の数学の本格的な日本語の入門書として，上記 [2], [9] 以外には

[12] 鈴木晋一，『結び目理論入門』，サイエンス社 (1991)

[13] 村杉邦男，『結び目理論とその応用』，日本評論社 (1993)

---

[3] 筆者, T. Shibuya, S. Suzuki, Descriptions on surfaces in four-space, I. Normal forms, *Math. Sem. Notes Kobe Univ.*, 10(1982), 75–125; II. Singularities and cross-sectional links, *Math. Sem. Notes Kobe Univ.*, 11(1983), 31–69 を参照されたい．

[14] W. B. R. リコリッシュ（秋吉宏尚他訳），『結び目理論概説』，シュプリンガー・フェアラーク東京（株）(2000)

がある．結び目理論の日本語の本には参考文献が充実しているので，上に挙げた書物を参照すれば大いに参考になるだろう．

問題の解

1.4.1 k, k' の端点をそれぞれ境界球面 ∂E 上の大円弧で結んで得られる $\boldsymbol{R}^3$ の結び目 $\hat{k}, \hat{k}'$ は，k と k' が弱同値であることから，結び目として同型である．そのとき，$\hat{k}, \hat{k}'$ の共通の1点を固定して，ライデマイスター移動 I, II, III の有限回で移りあうようにでき，さらに共通の1点を共通の弧に変えてもよいので，k, k' は強同値になることがわかる．

1.4.2 t の端点を境界球面 ∂E 上で1回捻れば t' ができるので，t, t' は弱同値である．t の端点を境界球面 ∂E 上の適当な2本の単純弧で結べばホップの絡み目ができるが，t' の場合はそれらと同じ2本の単純弧で結べば自明絡み目ができる．よって，t, t' は強同値ではない．

1.4.3, 1.4.4 紙に図を描いて，鉛筆と消しゴムで変形してみよ．

1.4.5 両端のある1本のひもを平面上に置く場合をいろいろ試してみよ．

1.4.6 奇数個の辺が集まっている頂点がなければ，それは空間内の結び目の射影図になる．奇数個の辺が集まっている頂点が2つのときには，ひもの端点がそれらの頂点に射影されるような空間内の1つのひもの射影図になる．

1.4.7 紙に図を描いて，鉛筆と消しゴムで変形してみれば，(2) が (1) に変形できることがわかる．(3) が (1) に変形できないことを示すために，(3) の細胞膜から S-S 結合部のループを通過するところまでのひもを真直ぐになるように変形すると，図 A.1 のような形になる．細胞膜は S-S 結合部のループを通過できないことから，三葉結び目が形成され，(3) が (1) に変形できないことがわかる．

1.4.8 なぜこのようになるかといえば，交差点の間のどの辺もライデマイスター移動の有限回で同じ図式の任意の辺に移動することができるからである．

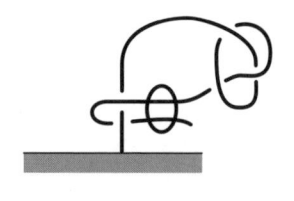

図 A.1

1.4.9 8の字結び目を図 A.2 のように変形し，その鏡像をとり，上下をひっくり返すように紙面を 180 度回転する．左側にはり出している弧を右側に移動すると，もとの図式が得られる．

図 A.2

第 2 講 ブレイド理論，特にマルコフの定理の証明については

[15] J. S. Birman, Braids, links, and mapping class groups, *Ann. Math. Studies*, 82(1974), Princeton Univ. Press

を参照されたい．ブレイドの一般向け解説としては，

[16] 村杉邦男，『組み紐の数理』，講談社ブルーバックス (1982)

[17] 河野俊丈，『組ひもの数理』，遊星社 (1993)

がある．結び目理論は，ブレイド理論を通じて物理学と密接につながっているが，その辺の事情についてここで簡単に解説しておこう．まず，ブレイドとは，平面上にのっているたくさんの粒子が互いに影響を及ぼしながら動き回るときの，粒子の時間による状態変化を記述したものであると考えることができる．

行列とは長方形内の格子点に数を置くものであるが，行列のテンソルという代数を使って，直方体あるいは高次元の直方体の格子点に数を置くような"行列"を考えることもでき，そこでは行列の積を自然に一般化した"行列"間の積も定義できる．粒子の相互作用を記述するのには，そのような"行列"の積が利用され，積の交換法則についての式がヤン・バクスター方程式であるが，第 1 講の例 1.1.3 とは"行列"·代数を図式化することにより関係づけることができる．"行列"代数の図式として，抽象的ファインマン図形とよばれる，各辺に色をつけ，各頂点に重み行列を指定したグラフが得られる．どの頂点にも 4 つの辺が集まるようなグラフ（つまり，4-頂点グラフ）の場合の抽象的ファインマン図形は絡み目図式から直接得ることができる．その解釈のもとでは，ヤン・バクスター方程式は，ライデマイスター移動 III と本質的には等しいブレイド関係式 (B-2) を記述したものに他ならないことがわかる．したがって，分配関数を解くための十分条件であるヤン・バクスター方程式を解こうということは絡み目不変量を求めようとすることである，といってもよい．このような意味で，結び目理論と物理学（特に，量子統計力学や素粒子論）とは密接に結びついている．これらのことについては，[4], [5], [6], [7] を参照されたい．またブレイドを 2 次元ブレイドへ拡張して，曲面結び目を研究することも最近盛んに行われるようになっている．これについてはつぎを参照されたい．

[18]　S. Kamada, Braid and knot theory in dimension four, Math. Surveys and Monographs, *Amer. Math. Soc.*, 95(2002)

問題の解

2.4.1, 2.4.2　$c(D) = 1, 2, 3$ の図式 D を得るには，平面にそれぞれ 1 個，2 個，3 個の頂点をとり，頂点の上下を無視した絡み目図式になるように成分数に注意して辺を結ぶ．それから各交差点に上下を入れて調べよ．

2.4.3　ひずみ度が最小になる基点を考えればよいので，下交差点を過ぎた辺上の基点を考えればよい．$cd(D) = (6, 2)$ となる．

2.4.4　(1) $\sigma_2 \sigma_3^{-1} \sigma_2 \sigma_3^{-1} \sigma_1^{-2} \sigma_2 \sigma_1^{-1} \sigma_2 \sigma_3^{-1} \sigma_1^{-1}$.
(2) $(\sigma_3 \sigma_2 \sigma_1)^2 \sigma_3 \sigma_2 \sigma_3^2 \sigma_2 \sigma_3 \sigma_1 \sigma_2 \sigma_3$.

2.4.5 図式 D のある成分が自己交差点をもつとき，そのような自己交差点のうちで，上交差点から出発して下交差点に戻る結び目図式のうちで最も内側にあるようなものを考える．それは自明ループとなる．$d(D) = 0$ なので，D の他の部分はその自明ループをはる 2-セルの上または下を通過する．ライデマイスター移動 II の交差数を減じる操作とライデマイスター移動 III により，その 2-セルの上または下を通過しないように D を変形する．それから，ライデマイスター移動 I の交差数を減じる操作により，その自明ループを消去するように，D を変形する．以上を繰り返せば，ライデマイスター移動 I, II の交差数を減じる操作とライデマイスター移動 III により，D を自己交差点をもたないような図式に変形できる．以上の操作で $d(D) = 0$ は保たれる．D が結び目図式ならば，$D_1 = \emptyset$ とおいて証明はここで終了する．D が結び目図式でない場合には，そのような図式 D の各成分は自明ループになっていることに注意して，その内部に他の D の成分を含まないような成分 O を考える．$d(D) = 0$ なので，D の他の成分は O をはる 2-セルの上または下を通過する．ライデマイスター移動 II の交差数を減じる操作とライデマイスター移動 III により，他の成分がその 2-セルの上または下を通過しないように D を変形できる．このとき，O と $D_1 = D \setminus O$ が求める図式となる．

第 3 講 $\mathbf{R}^3$ 内の球面に関するアレクサンダーの定理については，[2] などを見られたい．任意の絡み目図式 D を特別図式に変形すると，その種数 $g(D)$ は一般的には増加するが，任意の絡み目図式 D をライデマイスター移動で変形した特別図式 D' で，そのザイフェルト曲面 $F(D')$ が何回かのセル移動で $F(D)$ から変形されるようなもの（したがって，$g(D') = g(D)$ となるようなもの）が構成されている[4]．また，$g(K) < g_c(K)$ となるような結び目 K の例については，p.190 の脚注 5 の筆者論文を見られよ．

問題の解

3.4.1 D が $c(D) = 2$ のホップの絡み目図式ならば，ザイフェルト曲面 $F(D)$ は種数 0 をもつ．また，D が $c(D) = 3$ の三葉結び目図式または $c(D) = 4$ の 8 の字結び目図式ならば，$F(D)$ は種数 1 をもつ．

---

[4] M. Hirasawa, The flat genus of links, *Kobe J. Math.*, 12(1995), 155–159 を参照せよ．

3.4.2 L の連結でない任意のザイフェルト曲面 F があるとき，F の連結成分の間をパイプでつなげば，L の連結ザイフェルト曲面 F' で，$g(F')$ が合計種数 $g(F)$ に等しいものができる．L の連結でない任意の図式 D があるとき，D の連結図式成分の間をライデマイスター移動 II で変形すれば，L の連結図式 D' で，$g(D')$ が合計種数 $g(D)$ に等しいものができる．

3.4.3 メービウスの帯の縁の近くに，同じ向きの 2 本の平行な輪を描く．左ひねりと右ひねりのメービウスの帯からは，それぞれ図 A.3 のような絡み目ができる．もし左ひねりのメービウスの帯が右ひねりのメービウスの帯に変形できるならば，これらの絡み目が同型であるか，一方の絡み目の 2 つの成分の向きを逆転すれば同型になる．左ひねりの絡み目の絡み数は $+2$ で，右ひねりの絡み目の絡み数は -2 であり，かつ絡み目の 2 つの成分の向きを逆転しても絡み数は変わらないから，これらの絡み目が同型でなく，かつ一方の絡み目の 2 つの成分の向きを逆転しても同型でない．よって，左ひねりのメービウスの帯は右ひねりのメービウスの帯に変形できない．

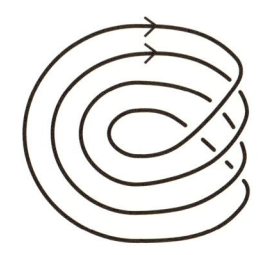

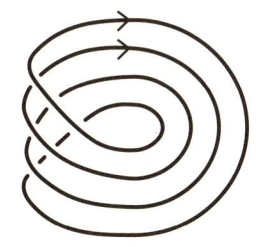

図 **A.3**

3.4.4 定義どおり計算すればよい．a: -2, b: -2, c: $+1$.

3.4.5 $\ell_1 \cup O_2$ は O_1 と交わらないザイフェルト曲面をはる．命題 3.3.1 より，

$$\mathrm{Link}(O_1, \ell_1 \cup O_2) = \mathrm{Link}(O_1, \ell_1) + \mathrm{Link}(O_1, O_2) = 0.$$

よって，$\mathrm{Link}(O_1, \ell_1) = -\mathrm{Link}(O_1, O_2) = -1$．

3.4.6 第 1 講図 1.6 の分子グラフはホップの絡み目 $O_1 \cup O_2$ を含む．ただし，O_1 はちょうど 3 個の頂点を含み，O_2 はちょうど 5 個の頂点を含むものとする．

O_i ($i = 1, 2$) は適当に向きをつけておく．図 1.6 の分子グラフの鏡像における $O_1 \cup O_2$ に対応するホップの絡み目を $O_1^* \cup O_2^*$ とする．分子グラフの鏡像が図 1.6 の分子グラフに変形できるならば，分子グラフの辺のつながり具合をみると，$O_1^* \cup O_2^*$ が $O_1 \cup O_2$ に向きを込めて変形できなければならない．その結果，$\mathrm{Link}(O_1, O_2) = \mathrm{Link}(O_1^*, O_2^*)$ でなければならないが，$\mathrm{Link}(O_1, O_2) = \pm 1$ で，$\mathrm{Link}(O_1, O_2) = -\mathrm{Link}(O_1^*, O_2^*)$ なので，$\mathrm{Link}(O_1, O_2) \ne \mathrm{Link}(O_1^*, O_2^*)$．こうして，図 1.6 の分子グラフはカイラルである．

第 4 講 分離不能な絡み目は，トーラス絡み目と双曲的絡み目およびそれらのいくつかの絡み目の合成であるサテライト絡み目のどれかになることが知られている．これについては，[2] を参照されたい．プレッツェル結び目はすでに

[19]　K. Reidemeister, *Knotentheorie*, Springer-Verlag(1932)

に現れている．この本は証明を含まない難解な本であるが，結び目理論の最初の教科書である．

問題の解

4.4.1　$(a, d) = (3, 4), (3, 5), (4, 5)$ として，ブレイド $(\sigma_1 \sigma_2 \ldots \sigma_{d-1})^a$ の閉ブレイドを図に描けばよい．

4.4.2　$T(3, 4), T(3, 5)$ の図をそれぞれ a, b に変形する方が易しいだろう．

4.4.3　$T(na, nd)$ の 2 つの成分を K, K' とする．第 4 講の図 4.1 の ℓ, m をそれぞれトーラスの内側，外側へ押し出したものを ℓ^-, m^+ で表す．そのとき，互いに交叉しない 2-チェイン c, c' で，$\partial c = K - a m^+$, $\partial c' = K' - d \ell^-$ となるようなものが存在する．$\mathrm{Link}(m^+, \ell^-) = +1$ なので，$\mathrm{Link}(K, K') = ab \, \mathrm{Link}(m^+, \ell^-) = ab$ となる．

4.4.4　各成分は y 軸方向にちょうど 1 つの極大点をもつから，自明な結び目成分からなる（**注**：ホップの絡み目やボロミアン環はそのような例である）．

4.4.5　図の結び目は 2 橋結び目 $C(2, 1, 2, 2)$ で，その型は $(19, 7)$ となる．型 $(19, -7)$ の 2 橋結び目とは同型でないので，もろて型でない．

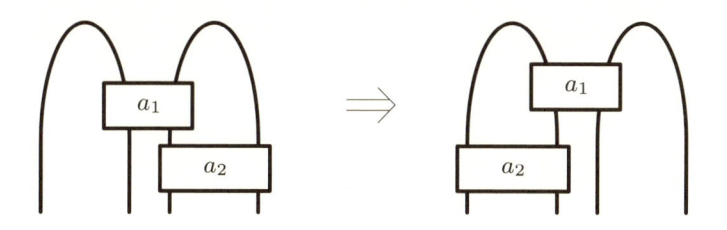

図 **A.4**

4.4.6 $n = 2m+1$ で a_{2i} $(i = 2, \ldots, m-1)$ を偶数とするような 2 橋絡み目 $C(a_1, a_2, \ldots, a_n)$ の表示において，右側に表示される a_{2i}-ねじれ部分 $(i = 1, 2, \ldots m)$ の図式は，図 A.4 のように，そのまま左側に移動できる．それを折り返せば，もとの図式にもどる．この変形では極大点が入れ代わっており，結び目でない 2 橋絡み目の場合，成分を交換する変形である．

4.4.7 $P(1; 3, 4, 3)$ と表され，可逆で非もろて型結び目である．

第 5 講 絡み目のゲーリッツ不変量は，強力な不変量ではないが，比較的簡単に計算でき，特講で述べたように，絡み目の彩色可能性を判定するのにも使用できる．初等理論としては推奨できる不変量といえる．

問題の解

5.4.1 白黒彩色の連結領域において，すべての同一の黒領域を結ぶ交差点の近くを，図 A.5 のように，ライデマイスター移動 II で変形すればよい．

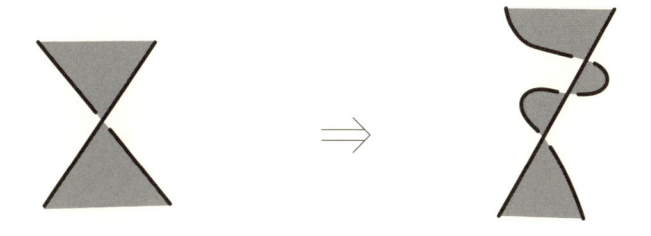

図 **A.5**

5.4.2 (1) はいわゆる単因子論の直接の結果である．例えば拙著『線形代数からホモロジーへ』培風館 (2000) の命題 2.3.5 を使うと，基本変形 I, II, III により，A は行列

$$M = \begin{pmatrix} (\nu_1) \bigoplus (\nu_2) \bigoplus \cdots \bigoplus (\nu_r) & O_{12} \\ O_{21} & O_{22} \end{pmatrix}$$

に変形できる．ただし，ν_i $(i = 1, 2, \ldots, r)$ は，ν_{i+1} が ν_i の整数倍であるような正整数の列で，$(\nu_1) \bigoplus (\nu_2) \bigoplus \cdots \bigoplus (\nu_r)$ は $(1,1)$ 行列 (ν_i) $(i = 1, 2, \ldots, r)$ のブロック和を表す．また O_{12}, O_{21}, O_{22} はそれぞれ $(r, m-r), (n-r, r), (n-r, m-r)$ 型のゼロ行列を表す．さらに，このような整数列 ν_i $(i = 1, 2, \ldots, r)$ は A から一意的に定まる．この列から 1 になるもの，例えば $\nu_i = 1$ $(i = 1, 2, \ldots, u)$ を除き，$n - r$ 個の 0 を後方に付け加えたもの

$$k(A) = (k_1, k_2, \ldots, k_d) = (\nu_{u+1}, \nu_{u+2}, \ldots, \nu_r, 0, \ldots, 0)$$

は，基本変形 IV を使うと A のねじれ不変量であることがわかる．(2) を示すためには，$M = PAQ$ となるような行列式 ± 1 をもつ n 次正方整数行列 P と m 次正方整数行列 Q が存在するのも単因子論の結果である．線形写像 $f_A : \mathbf{Z}^m \to \mathbf{Z}^n$ を標準基底を使って $f_A(e_1 e_2 \cdots e_m) = (e_1 e_2 \cdots e_n) A$ とおく．そのとき，$\mathbf{Z}$ 上の線形空間（＝可換群）$\mathbf{Z}^n / f_A(\mathbf{Z}^m)$ は $\mathbf{Z}^n / f_M(\mathbf{Z}^m) = \mathbf{Z}/k_1 \mathbf{Z} \oplus \mathbf{Z}/k_2 \mathbf{Z} \oplus \cdots \oplus \mathbf{Z}/k_d \mathbf{Z} \oplus \mathbf{Z}^{n-r}$ に同型である．同様に，(n', m') 型行列 B のねじれ不変量が $k_*(B) = (h_1, h_2, \ldots, h_e)$ となるならば，$\mathbf{Z}^{n'} / f_B(\mathbf{Z}^{m'})$ は $\mathbf{Z}/h_1 \mathbf{Z} \oplus \mathbf{Z}/h_2 \mathbf{Z} \oplus \cdots \oplus \mathbf{Z}/h_e \mathbf{Z}$ に同型である．A が B と同値ならば，$\mathbf{Z}^n / f_A(\mathbf{Z}^m)$ と $\mathbf{Z}^{n'} / f_B(\mathbf{Z}^{m'})$ は同型になることは容易に確認できるので，$d = e$ かつ $k_i = h_i$ $(i = 1, 2, \ldots, d)$ がわかる．(1) の証明において，r は A の階数だから，(3) は (1) の直接の結果である．(4) については，$\det P = \pm 1$，$\det Q = \pm 1$ より，$\det A = \pm \det M = \pm k_1 k_2 \cdots k_d$ がなりたつ．

5.4.3 5.4.2 の (2) より，$k_*(A)$ は同型を無視した $\mathbf{Z}^n / f_A(\mathbf{Z}^m)$ で決定される．命題 5.3.2 の行列変形では同型なものしか生じないので，$k_*(A)$ は変わらない．

5.4.4 A の横ベクトル表示において，基本変形 III を使って，すべての $i \,(\neq h)$ 番横ベクトルを h 番横ベクトルに加える．つぎに，その行列の縦ベクトル表示において，基本変形 III を使って，すべての $j \,(\neq k)$ 番縦ベクトルを k 番縦ベク

トルに加える．できた行列は，A において a_{hk} を含む行と列のすべての成分を 0 で置き換えたものである．基本変形 II を使えば，$A_{hk} \oplus (0)$ に変形できる．

5.4.5 $P = \begin{pmatrix} 1 & 1 & 0 \\ 0 & -1 & -1 \\ 1 & 1 & 1 \end{pmatrix}$ とおけばよい．

5.4.6 第 4 講の図 4.3 において無限領域を黒で塗ると，K_n のゲーリッツ行列 G は

$$G = \begin{pmatrix} -n-1 & 1 & n \\ 1 & -2 & 1 \\ n & 1 & -n-1 \end{pmatrix}$$

となる．これから，$k_*(K_n) = (|2n+1|)$ は容易である．

5.4.7 無限領域を黒で塗ると，ゲーリッツ行列 G は

$$G = \begin{pmatrix} 8 & -2 & -2 & -2 & -2 \\ -2 & 2 & 0 & 0 & 0 \\ -2 & 0 & 2 & 0 & 0 \\ -2 & 0 & 0 & 2 & 0 \\ -2 & 0 & 0 & 0 & 2 \end{pmatrix}$$

となる．これから，求める結果は容易に計算される．

第 6 講 ジョーンズ多項式は，比較的容易に不変量になることが証明できる強力なローラン多項式不変量であるが，どのようなローラン多項式が絡み目のジョーンズ多項式として実現できるかといったような特徴づけがわからないなど，ジョーンズ多項式の意味がわかったとはいえない状況にある．

問題の解

6.4.1 D を絡み目 L の交代図式とする．D のある交差点での A-スプライスまたは B-スプライスで連結でない図式が生じるならば，L が素であることから，どちらかの図式は自明結び目の図式である．残りの図式は L の交代図式である．この操作を繰り返していけば，いずれは L の既約交代図式に行き着く．

6.4.2 図 A.6 のような個所で連結和をとればよい．

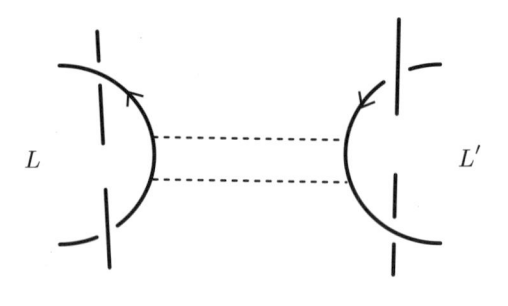

図 A.6

6.4.3 r 成分絡み目 L の図式 D について, $V_\#(D; A) = A^{2r-2}V(D; A)$ とおき, 複雑度 $cd(D)$ に関する数学的帰納法を用いて示そう. $cd(D) = (0,0)$ ならば, D は自明絡み目であるから D の成分数を r とすると, 補題 6.3.2 より

$$V_\#(D; A) = (-A^4 - 1)^{r-1}$$

となり, A^4 のローラン多項式である. $cd(D') < (k, m)$ となるような図式 D' について, $V_\#(D'; A)$ が A^4 のローラン多項式であると仮定して, $cd(D) = (k, m)$ となる図式 D について $V_\#(D; A)$ が A^4 のローラン多項式であることを示そう. 上の注意から, $m > 0$ の場合を示せばよい. $d_a(D) = m$ となる基点列 $\boldsymbol{a} = (a_1, a_2, \ldots, a_r)$ を選び, そのときのひずみ交差点の 1 つを p とする. その符号 $\varepsilon(p)$ とある負でない整数 m_0 に対し,

$$cd(D^p_{-\varepsilon(p)}) \leqq (k, m-1) < (k, m),$$
$$cd(D^p_0) \leqq (k-1, m_0) < (k, m)$$

となるので, 仮定により $V_\#(D^p_{-\varepsilon(p)}; A), V_\#(D^p_0; A)$ はともに A^4 のローラン多項式である. 定理 6.3.1 より適当な $\varepsilon = \pm 1$ に対して,

$$A^4 V_\#(D_+; A) - A^{-4} V_\#(D_-; A) = (A^{-2+2\varepsilon} - A^{2+2\varepsilon})V_\#(D_0; A)$$

がなりたつので, $A^{2r-2}V(L; A) = V_\#(D; A)$ は A^4 のローラン多項式である.

6.4.4 問 6.4.3 の解の最後の式において $A^4 = 1$ ならば, $V_\#(D_+; A) - V_\#(D_-; A) = 0$. これは $V_\#(D; A)$ は交差点の上下によらない. ゆえに, $V_\#(D; A) = (-A^4 - 1)^{r-1} = (-2)^{r-1}$. すなわち, $V(L; A) = V(D; A) = (-2A^2)^{r-1}$.

6.4.5 自明でない 2 橋絡み目の型は，同型となるものを無視すると，$\frac{a}{p}$，ただし $0 < a < p$ かつ $(a,p) = 1$，と表せる．a に関する数学的帰納法で，$\frac{a}{p} = [a_1, a_2, \ldots, a_n]$ となるような正整数の有限列 $a_1, a_2, \ldots, a_n$ で，$n = 1, a_1 > 1$ あるいは $n > 1$ となるようなものが存在することを示そう．このような 2 橋絡み目図式 $C(a_1, a_2, \ldots, a_n)$ は連結既約交代図式である．$a = 1$ ならば，$\frac{a}{p} = [p]$ なのでなりたつ．一般の $a > 1$ に対し，p を a で割ったときの商を $a' > 0$，余りを r $(0 < r < a)$ とする．$r = 1$ ならば，$\frac{a}{p} = [a', a]$ となる．$r > 1$ ならば，数学的帰納法の仮定により $\frac{r}{a} = [a'_1, \ldots, a'_m]$ となるような正整数の有限列 $a'_1, \ldots, a'_m$ が存在する．よって，$\frac{a}{p} = [a', a'_1, \ldots, a'_m]$ がなりたつ．

第 7 講 ザイフェルト行列の位相不変性の証明は，ほぼ筆者編著の本 [2] に近い証明を行っているので，[2] との比較検討はより理解を深めるだろう．

問題の解

7.4.1 $[C_i]$ $(i = 1, 2)$ は $H_1(F)$ の基底なので，$[\ell] = [C_1] + 2[C_2] \in H_1(F)$ は原始元である．円周 C_1 を 2-セルで埋めることにより，F からアニュラス A ができるが，ℓ は $[\ell] = \pm 2[C_2] \in H_1(A) = \mathbf{Z}$ をみたし，これは原始元でないので，A において（したがって F において）$[\ell]$ は単純ループで代表できない．

7.4.2 $\begin{pmatrix} -1 & 1 & -1 \\ 0 & -1 & -1 \\ -1 & -1 & -2 \end{pmatrix}$.

7.4.3 $J = V - V^T$ とおく．V が r 成分絡み目のザイフェルト行列ならば，J は $r - 1$ 次ゼロ行列 O^{r-1} に同値になるので，$d(J) = n(J) = r - 1$ となる．逆を示すために，縦ベクトル $\boldsymbol{x}, \boldsymbol{y} \in \mathbf{Z}^n$ に対し，$b(\boldsymbol{x}, \boldsymbol{y}) = \boldsymbol{x}^T J \boldsymbol{y}$ により交代双線形写像 $b: \mathbf{Z}^n \times \mathbf{Z}^n \to \mathbf{Z}$ を定義する．$d(J) = n(J) = r - 1$ と J が交代行列であることから，$P_1 J P_2 = E^{2g} \oplus O^{r-1}$ となるような整数 $g \geqq 0$ とユニモジュラー行列 P_i $(i = 1, 2)$ が存在する．よって，$b(\boldsymbol{x}_2, \boldsymbol{x}_1) = \boldsymbol{x}_2^T J \boldsymbol{x}_1 = 1$ となるような $\boldsymbol{x}_i \in \mathbf{Z}^n$ $(i = 1, 2)$ が存在する．$b(\boldsymbol{x}_i, \boldsymbol{x}_i) = 0$ $(i = 1, 2)$ かつ $b(\boldsymbol{x}_1, \boldsymbol{x}_2) = -b(\boldsymbol{x}_2, \boldsymbol{x}_1) = -1$ だから，$\boldsymbol{x}_i \in \mathbf{Z}^n$ $(i = 1, 2)$ で生成された $\mathbf{Z}^n$ の部分空間の b に関する直交補空間をとれば，b に関してその直交補空間を代表する行列 J' は交代行列で $d(J') = n(J') = r - 1$ をみたす．g に関する数学

的帰納法により，Z^n の適当な基底をとることにより，b は $\begin{pmatrix} 0 & -1 \\ 1 & 0 \end{pmatrix}$ の g 個のコピーと O^{r-1} のブロック和により代表される．この行列は $J = V - V^T$ の基底変換行列だから，命題 7.1.6 より V は r 成分絡み目のザイフェルト行列である．

7.4.4 $W = P^T V P = \begin{pmatrix} 1 & -1 & 2 \\ 0 & 1 & -1 \\ 2 & -1 & 4 \end{pmatrix}, P = \begin{pmatrix} 1 & 0 & 1 \\ 0 & 1 & 0 \\ 0 & 0 & 1 \end{pmatrix}$, とおくと, $W - W^T = \begin{pmatrix} 0 & -1 \\ 1 & 0 \end{pmatrix} \oplus (0)$ となるから，$g = 1, r = 2$ とおいた第 7 講の図 7.1 の曲面の単純ループ k_i ($i = 1, 2, 3$) について，

$$\mathrm{Link}(k_1^+, k_1) = 1,$$
$$\mathrm{Link}(k_1^+, k_2) = -1, \; \mathrm{Link}(k_2^+, k_2) = 1$$
$$\mathrm{Link}(k_1^+, k_3) = 2, \; \mathrm{Link}(k_2^+, k_3) = -1, \; \mathrm{Link}(k_3^+, k_3) = 4$$

となるようにバンドをはりつける．求めるザイフェルト曲面 F は図 A.7 のようになる．基底 $x_1 = [k_1], x_2 = [k_2], x_3 = [k_3] - [k_1] \in H_1(F)$ に関するザイフェルト行列が V になる．

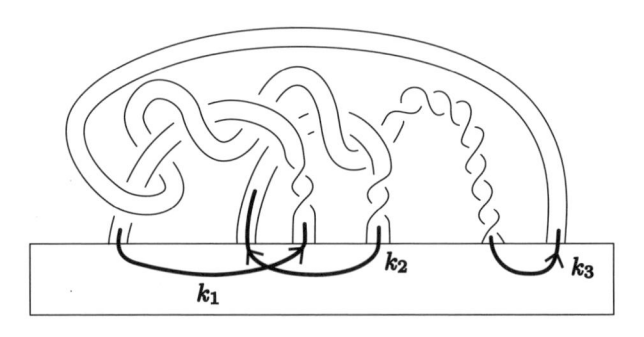

図 A.7

7.4.5 オイラー標数 $\chi(F(D))$ を計算すると，$1 - 2g(D) - (r-1) = \chi(F(D)) = s - c$ となる．これより，求める式を得る．

第8講 トーラス結び目 $K = T(a,d)$ のアレクサンダー多項式 $A(K,t)$ の計算の仕方はいくつか知られている．1つはザイフェルト行列を求めて，それから直接計算する方法である（村杉著 [13] に解説がある）．他には，クロウェル・フォックス著 [9] により，群表示 $\langle x,y | x^a = y^d \rangle$ を求めて，自由微分により計算する方法である．ここでは，K の S^3 の外部 $E = \mathrm{cl}(S^3 - N)$ の無限巡回被覆空間 $\tilde{E}$ のホモロジーを用いる方法をここで紹介しよう．トーラス結び目 K はトーラス T 上にあるが，そのトーラス T は S^3 を2つのソリッドトーラス V_i $(i = 1,2)$ に分けている．$T' = \mathrm{cl}(T \backslash N)$ はアニュラス，$V_i' = \mathrm{cl}(V_i \backslash N)$ は V_i から K の近傍部分が削りとられてできた V_i に同相なものと考えてよい．無限巡回被覆空間 $\tilde{E}$ は同型写像 $\chi : H_1(E) \to \boldsymbol{Z}$ に付随して構成されるが，χ は問 4.4.3 より $H_1(T') \cong \boldsymbol{Z}$ の生成元を代表するサイクルを $\pm ad$ へ移す．また，$H_1(V_i') \cong \boldsymbol{Z}$ $(i = 1,2)$ の生成元を代表するサイクルを，例えば $i = 1$ のとき $\pm a$，$i = 2$ のとき $\pm d$ へ移す．これは，T', V_1', V_2' の $\tilde{E}$ への持ち上げ $\tilde{T}'$, $\tilde{V}_1'$, $\tilde{V}_2'$ がそれぞれ $I \times \boldsymbol{R}$ の $|ad|$ 個のコピーの直和，$D \times \boldsymbol{R}$ の $|a|$ 個のコピーの直和，$D \times \boldsymbol{R}$ の $|d|$ 個のコピーの直和であることを意味している（I は線分，D は 2-セルを表す）．したがって，$H_k(\tilde{T}') = H_k(\tilde{V}_i') = 0$ $(k > 0)$, $H_0(\tilde{T}') = \Lambda/(t^{ad} - 1)$, $H_0(\tilde{V}_1') = \Lambda/(t^a - 1)$, $H_0(\tilde{V}_2') = \Lambda/(t^d - 1)$ となる．ホモロジーのマイヤーヴィエトリス完全列により，Λ 上の完全列

$$0 \to H_1(\tilde{E}) \to H_0(\tilde{T}') \to H_0(\tilde{V}_1') \oplus H_0(\tilde{V}_2') \to H_0(\tilde{E}) \to 0$$

が得られ，$H_0(\tilde{E}) = \Lambda/(t-1)$ であるので，例えば，初等イデアルの計算と $A(K,1) = 1$ により，$A(K,t) = (t^{ad} - 1)(t-1)/(t^a - 1)(t^d - 1)$ が得られる（さらなる計算により，$H_1(\tilde{E}) = \Lambda/(A(K,t))$ となることもわかる）．

アレクサンダー多項式やアレクサンダー加群は，r 成分絡み目の場合に r 変数アレクサンダー多項式や r 変数ローラン多項式環上のアレクサンダー加群へと一般化できる．例えば，[2] 参照．また，結び目の基本群の表現に付随して，ねじれアレクサンダー多項式というものが考えられている．つぎを参照されたい．

[20] 北野晃朗，合田洋，森藤孝之，ねじれ Alexander 不変量，『数学メモアール』，5(2006)，日本数学会

問題の解

8.4.1 L のザイフェルト曲面が2つの連結成分 F_i $(i=1,2)$ からなるとき, パイプでつないで L の連結ザイフェルト曲面 F を構成できる. $H_1(F)$ の基底は $H_1(F_i)$ $(i=1,2)$ の基底にパイプのメリディアンループ ℓ のホモロジー類を加えたものである. $H_1(F_i)$ の基底に関するザイフェルト行列を V_i で表すとき, L のザイフェルト行は $V_1 \oplus V_2 \oplus (0)$ となり, 定義から $A(L;t) = 0$ が得られる.

8.4.2 L, L' はプロパー絡み目である. L のヒュージョンから自明結び目 O が得られるので, 系 8.3.2 から $\mathrm{Arf}(L) = \mathrm{Arf}(O) = 0$. L' のヒュージョンから三葉結び目 3_1 が得られ, 例 8.1.5 から $\nabla(3_1;z) = 1+z^2$ となるので, 系 8.3.2, 8.3.4 から $\mathrm{Arf}(L') = \mathrm{Arf}(3_1) = 1$ となる.

8.4.3 図 A.8 のような $\mathbf{Z}_2$-標準基底 $\flat = \{x,y,z\}$ に対し, $q(x) = q(y) = 0$ なので $\mathrm{Arf}(F, \flat) = 0$. $\mathbf{Z}_2$-標準基底 $\flat' = \{x+z, y+z, z\}$ に対しては, $q(z) = 1$ より $q(x+z) = q(y+z) = 1$ となり $\mathrm{Arf}(F, \flat') = 1$ となる.

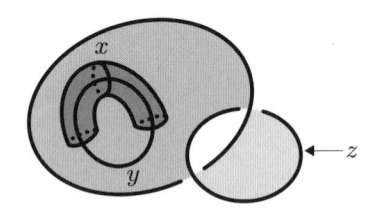

図 **A.8**

8.4.4 命題 8.2.2 において, L のザイフェルト行列 V に対し, $k_*(V^T + V) = k_*(L)$ かつ完全列

$$\mathbf{Z}^n \xrightarrow{-(V^T+V)} \mathbf{Z}^n \longrightarrow M_2(L) \to 0$$

が存在する. その結果, 完全列

$$(\mathbf{Z}/2\mathbf{Z})^n \xrightarrow{V^T-V} (\mathbf{Z}/2\mathbf{Z})^n \longrightarrow M_2(L)/2M_2(L) \to 0$$

がなりたつ. $V^T - V$ は必要なら基底変換を行えば, g 個の $\begin{pmatrix} 0 & 1 \\ -1 & 0 \end{pmatrix}$ と $r-1$ 次のゼロ行列 O^{r-1} のブロック和であるから, $M_2(L)/2M_2(L)$ は $(\mathbf{Z}/2\mathbf{Z})^{r-1}$

に同型となる．$k_*(L) = (k_1, k_2, \ldots, k_d)$ のとき，$M_2(L)$ は $\mathbf{Z}/k_1\mathbf{Z} \oplus \mathbf{Z}/k_2\mathbf{Z} \oplus \cdots \oplus \mathbf{Z}/k_d\mathbf{Z}$ に同型であるから，$k_1, k_2, \ldots, k_d$ のうち $r-1$ 個が偶数となる．

8.4.5 $K = T(a,d)$ とおく．$A(K;t)$ は既約対称因子 $p_\alpha(t) = t^2 - 2\alpha t + 1$ ($0 < \alpha < 1$) を重複して含まないので，$H_\alpha \cong \mathbf{R}^2$ で，$\sigma_\alpha(K) = 0, \pm 2$ となる．H_α の $\mathbf{R}$-基底として e, te をとる．$b(e,e) = b(te,te) = c$ とおけば，

$$b(te,e) = \frac{b(2te,e)}{2} = \frac{b((t+t^{-1})e,e)}{2} = \frac{b(2\alpha e, e)}{2} = \alpha c$$

となり，b は行列 $\begin{pmatrix} c & \alpha c \\ \alpha c & c \end{pmatrix}$ を代表する．この行列式は $c^2(1-\alpha) > 0$ なので，$\sigma_\alpha(K) \neq 0$，その結果 $\sigma_\alpha(K) = \pm 2$ となる．

第9講 結び目の区別を必要とする際，結び目の不変量として $c_0(K;x)$ は計算が簡単で，しかも有効な場合が多いので，まずこの計算を行ってみることをすすめる．

問題の解

9.4.1 $K(2, 2m+1)$ の鏡像と系 9.3.2 を考えれば，$m \geqq 0$ の場合を示せばよい．$K(2m+1, 2) = K(2, 2m+1)$ より，σ_1^{2m+1} の閉ブレイド図式 D_m について計算する．D_0 は自明結び目図式なので，$m = 0$ の場合はなりたつ．$m > 0$ のとき，$D_m = D_m^+$ としたスケイントリプルにおいて，D_m^- は D_{m-1} に同型で，D_m^0 は 2 つの自明結び目成分からなる絡み数 m の絡み目図式である．定理 9.1.1 (2) と系 9.3.2 (2) および m についての数学的帰納法の仮定から，つぎのように計算される．

$$\begin{aligned}
c_0(D^m;x) &= x^{-1}c_0(D^{m-1};x) - x^{-1}c_0(D_0^m;x) \\
&= x^{-1}(mx^{-m+1} - (m-1)x^{-m}) - x^{-1}(1-x)x^{-m} \\
&= (m+1)x^{-m} - mx^{-m-1}.
\end{aligned}$$

9.4.2 $n = 2m$ のとき，$c_0(K_n;x) = x^{-m} + x - x^{1-m}$．$n' \neq n$ となる任意の偶数 n' に対して，$c_0(K_{n'};x) \neq c_0(K_n;x)$ となり，$K_{n'} \neq K_n$ となる．鏡像 $\bar{K}_n = K_{-n-1}$ と系 9.3.2 を考えれば，n, n' がともに奇数のときも，$n \neq n'$

ならば，$c_0(K_{n'};x) \neq c_0(K_n;x)$ となり，$K_{n'} \neq K_n$ となる．いま，n 偶数，n' 奇数で，$K_n = K_{n'}$ であると仮定する．$n'' = -n'-1 = 2m''$ とおくと，$K_{n'} = \bar{K}_{n''}$ だから，

$$c_0(K_n;x) = x^{-m} + x - x^{1-m} = x^{m''} + x^{-1} - x^{m''-1} = c_0(\bar{K}_{n''};x)$$

がなりたつ．これから，$m = m'' = 0, 1$ となり，結果が得られる．

9.4.3 与えられた条件から $f(x)$ は $f(x) = (m+1)x^{-m} - mx^{-m-1}$ $(m \in \mathbf{Z})$ と表される．よって，$K = K(2, 2m+1)$ とおけばよい (**注**：$f(1) = 1, f'(1) = 0$ となる任意の $f(x)$ について，$c_0(K;x) = f(x)$ となるような結び目 K が存在することが知られている[5])．

9.4.4 (1), (2) は直接示すことができる．(3) はアレクサンダー加群の初等イデアルを比較する必要がある[6]．

第 10 講 この講に関する研究は現在進行中[7]であるが，絡み目から一意的に向きづけ可能 3 次元閉多様体を構成する操作 (デーン手術理論) と組み合わせると，原理的にはある一定の方法ですべての向きづけ可能 3 次元多様体を整列させることができ，さらにそれらは復元可能な有理数の列としても整列させることができる (問 10.4.4)．

問題の解

10.4.1 10_{161} は与えられた図より，$(-1^2, -2, 1, -2, -1^2, -2^3)$ と表せる．初等変換により，

$$(-1^2, -2, 1, -2, -1^2, -2^3) \to (1^2, 2, -1, 2, 1^2, 2^3) \to (1^2, 2^2, 1, -2, 1, 2^3)$$
$$\to (2^2, 1^2, 2, -1, 2, 1^3) \to (1^3, 2, -1, 2, 1^2, 2^2)$$

---

[5] 筆者, On coefficient polynomials of the skein polynomial of an oriented link, *Kobe J. Math.*, 11(1994), 49–68; H. Fujii, First common terms of terms of the homfly and Kauffman polynomials, and the Conway polynomials of a knot, *J. Knot Theory Ramifications*, 8(1999), 447–462 を参照せよ．

[6] 論文 T. Kanenobu, Infinitely many knots with the same polynomial invariant, *Proc. Amer. Math. Soc.*, 97(1986), 158–162 に証明があるので，参照されたい．

[7] 基本的な事項は，筆者, A tabulation of 3-manifolds via Dehn surgery, *Boletin de la Sociedad Matematica Mexicana* (3) 10 (2004), 279–304; 筆者, I. Tayama, Enumerating prime links by a canonical order, *J. Knot Theory Ramifications*, 15(2006), 217–237; 筆者, Characteristic genera of closed orientable 3-manifolds (プレプリント) などを参照されたい．

となる．10_{162} は，与えられた図にアレクサンダーの定理（定理 2.3.4）の方法を用いて，例えば $(1, 2^2, 1, 3, 2, -1, 3, 2, 1, 3)$ と表せる．初等変換により，

$(1, 2^2, 1, 3, 2, -1, 3, 2, 1, 3) \to (1, 2^2, 1, 3, 2, 3, -1, 2, 1, 3)$
$\to (1^2, 2^2, 1, 3, 2, 3, -1, 2, 3) \to (1^2, 2^2, 1, 2, 3, 2, -1, 2, 3)$
$\to (1^3, 2, 1^2, 3, 2, -1, 2, 3) \to (1^3, 3, 2, 3, 1^2, 2, -1, 2)$
$\to (1^3, 2, 3, 2, 1^2, 2, -1, 2) \to (1^3, 2^2, 1^2, 2, -1, 2) \to (1^3, 2, -1, 2, 1^2, 2^2)$

となり，$10_{161} = 10_{162}$ が示される．

10.4.2 (1) を示すために，$\mathbf{x} = (k^2, \mathbf{u}, \mathbf{v}, -k^2, \mathbf{z}, \mathbf{w})$ とおく．$\mathrm{cl}\,\beta(\mathbf{v}, \mathbf{w})$ は $\mathrm{cl}\,\beta(\mathbf{x})$ の部分絡み目で，$\mathbf{y} = (-k^2, \mathbf{u}, \mathbf{w}^T, k^2, \mathbf{z}, \mathbf{v}^T)$ の絡み目図式 $\mathrm{cl}\,\beta(\mathbf{y})$ は他の成分を固定したまま部分絡み目図式 $\mathrm{cl}\,\beta(\mathbf{v}, \mathbf{w})$ をひっくり返して $\mathrm{cl}\,\beta(\mathbf{x})$ から得られる．(2) を示すために，$\mathbf{x} = (\mathbf{u}, k, (k+1)^2, k, \mathbf{v})$ とおく．$\mathrm{cl}\,\beta(\mathbf{v})$ は $\mathrm{cl}\,\beta(\mathbf{x})$ の部分絡み目で，$\mathbf{y} = (\mathbf{u}, -k, -(k+1)^2, -k, \mathbf{v}^T)$ の絡み目図式 $\mathrm{cl}\,\beta(\mathbf{y})$ は他の成分を固定したまま部分絡み目図式 $\mathrm{cl}\,\beta(\mathbf{v})$ をひっくり返して $\mathrm{cl}\,\beta(\mathbf{x})$ から得られる．

10.4.3 (1) を示すためには，初等変換 (6) により，$\varepsilon, \varepsilon', \varepsilon'' = \pm 1$ に対し，$\mathbf{x} = (\mathbf{y}, k+1, \varepsilon k, \varepsilon'(k+1)^n, \varepsilon'' k)$ と仮定してよい．$\varepsilon = 1$ ならば，(2) より $\mathbf{x}$ は $\mathbf{x}' = (\mathbf{y}, \varepsilon' k^n, k+1, k, \varepsilon'' k)$ に変換され，$\mathbf{x} \notin \sigma(\mathbf{L}^p)$．よって，$\varepsilon = -1$，$\mathbf{x} = (\mathbf{y}, k+1, -k, \varepsilon'(k+1)^n, \varepsilon'' k)$ と仮定する．$\varepsilon' = -1$ ならば，(2) より $\mathbf{x}$ は $\mathbf{x}'' = (\mathbf{y}, -k^n, -(k+1), k, \varepsilon'' k)$ に変換され，$\mathbf{x} \notin \sigma(\mathbf{L}^p)$．そこで，$\varepsilon = -1$，$\varepsilon' = 1$，$\mathbf{x} = (\mathbf{y}, k+1, -k, (k+1)^n, \varepsilon'' k)$ と仮定する．$\varepsilon'' = 1$ とおくと，

$$\mathbf{x} = (\mathbf{y}, k+1, -k, (k+1)^n, k)$$
$$\to (\mathbf{y}, (k+1)^2, k^n, -(k+1)) \quad ((3) \text{ より})$$
$$\to (\mathbf{y}, -(k+1), k^n, (k+1)^2) \quad ((4), (8) \text{ より})$$
$$\to (\mathbf{y}, k, (k+1)^n, -k, k+1) \quad ((3), (4) \text{ より})$$

となるから，$\mathbf{x} \notin \sigma(\mathbf{L}^p)$．$\varepsilon'' = -1$ とおくと，

$$\mathbf{x} = (\mathbf{y}, k+1, -k, (k+1)^n, -k) = (\mathbf{y}, -k, k, k+1, -k, (k+1)^n, -k)$$
$$\to (\mathbf{y}, -k, -(k+1), k, (k+1)^{n+1}, -k) \quad ((2),(4) \text{ より})$$

$$\to (\mathbf{y}, -k, (k+1)^{n+1}, k, -(k+1), -k) \quad ((4), (8) \text{ より})$$
$$\to (\mathbf{y}, -k, (k+1)^{n+1}, -(k+1), -k, k+1) \quad ((2), (4) \text{ より})$$
$$= (\mathbf{y}, -k, (k+1)^n, -k, k+1)$$

となるから,$\mathbf{x} \notin \sigma(\mathbf{L}^{\mathrm{P}})$. (2) を示すためには,まずつぎの点に注意しよう: すなわち,$\max |\mathbf{y}| \leqq k$ となるような格子点 $(\mathbf{y}, k+1, -k^2, k+1, -k)$ は $(\mathbf{y}, -k, k+1, -k^2, k+1)$ に変換される. これは,$\mathbf{x} = (\mathbf{y}, k+1, -k^2, k+1, -k) = (\mathbf{y}, -k, k, k+1, -k^2, k+1, -k)$ として,(2) により $\mathbf{x}' = (\mathbf{y}, -k, -(k+1)^2, k, (k+1)^2, -k)$ に変換される. (4) と問 10.4.2 (1) により,$\mathbf{x}'$ は $\mathbf{x}'' = (\mathbf{y}, -k, (k+1)^2, k, -(k+1)^2, -k)$ に変換される. (3) により,$\mathbf{x}''$ は求める $(\mathbf{y}, -k, (k+1)^2, -(k+1), -k^2, k+1) = (\mathbf{y}, -k, k+1, -k^2, k+1)$ に変換される. (2) を示そう. (6) より $\varepsilon, \varepsilon', \varepsilon'' = \pm 1$ として,$\mathbf{x} = (\mathbf{y}, k+1, \varepsilon k^2, \varepsilon'(k+1), \varepsilon'' k)$ とおく. $\varepsilon' = -1$ ならば,(3) により $\mathbf{x}$ は $(\mathbf{y}, -k, \varepsilon(k+1)^2, k, \varepsilon'' k)$ に変換される. (4) と補題 10.2.6 より,$\mathbf{x} \notin \sigma(\mathbf{L}^{\mathrm{P}})$. $\varepsilon' = 1$,$\mathbf{x} = (\mathbf{y}, k+1, \varepsilon k^2, k+1, \varepsilon'' k)$ と仮定する. $\varepsilon'' = 1$ とすると,$\mathbf{x}$ は (2) より $(\mathbf{y}, (k+1)^2, k, \varepsilon(k+1)^2)$ に変換される. $\varepsilon = 1$ ならば,それは (2) より $(\mathbf{y}, k, k+1, k^2, k+1)$ に変換され,$\mathbf{x} \notin \sigma(\mathbf{L}^{\mathrm{P}})$. $\varepsilon = -1$ ならば,それは (4) と問 10.4.2 (1) により $(\mathbf{y}, -(k+1)^2, k, (k+1)^2)$ に変換され,さらに (2) により $(\mathbf{y}, k, k+1, -k^2, k+1)$ に変換され,$\mathbf{x} \notin \sigma(\mathbf{L}^{\mathrm{P}})$ が示される. $\varepsilon'' = -1$ とするとき,$\mathbf{x} = (\mathbf{y}, k+1, \varepsilon k^2, k+1, -k)$ となる. $\varepsilon = -1$ ならば,上で注意した場合であり,$\mathbf{x} \notin \sigma(\mathbf{L}^{\mathrm{P}})$. $\varepsilon = 1$ とすると,(4), (7) と問 10.4.2 (2) により $\mathbf{x}$ は $(\mathbf{y}, -(k+1), -k^2, -(k+1), -k)$ に変換され,さらに (6) により $(-\mathbf{y}, k+1, k^2, k+1, k)$ に変換され,すでに考察した $\varepsilon = \varepsilon' = \varepsilon'' = 1$ の場合に帰着して,$\mathbf{x} \notin \sigma(\mathbf{L}^{\mathrm{P}})$.

10.4.4

$$|\zeta(\boldsymbol{x})| \leqq \frac{1}{(n+1)^n} + \frac{n}{2(n+1)^{n-1}}(1 + (n+1) + \cdots + (n+1)^{n-2})$$
$$= \frac{1}{(n+1)^n} + \frac{1}{2}(1 - \frac{1}{(n+1)^{n-1}}) < \frac{1}{2}$$

となり,(1) が示される. (2) を示すためには,$\boldsymbol{x} \neq 0$ とし,$\zeta(\boldsymbol{x})$ が既約分数で与えられると仮定しよう. そのとき,$x_1 = 1$ なので,分母は $(n+1)^n$ という形になる. これから,n が特定できる. そのとき,分子は

$$1 + x_2(n+1) + x_3(n+1)^2 + \cdots + x_n(n+1)^{n-1}$$

という形になり，$2|x_i| < n+1$ であることから，順次 $x_2, x_3, \ldots, x_n$ が決定される．

特講 分岐被覆空間論は

[21] 樹下眞一，『位相幾何学入門』，培風館 (2000)

で詳しく論じられている．絡み目の彩色の考え方は R. H. Fox により導入されたといえる[8]．結び目の彩色の初歩的理論は

[22] 村上斉，『結び目のはなし』，遊星社 (1991)

にある．3次元多様体の初歩的理論については

[23] 森元勘治，『3次元多様体入門』，培風館 (1996)

が参考になろう．デーン手術理論を通した結び目理論と3次元多様体論の関係は，国際的に現在活発に研究されている重要な研究課題であるが，結び目理論のこの初等的解説ではまかないきれない多くの概念が必要なので，ここではふれない．

---

[8] R. H. Fox, A quick trip through knot theory, *Topology of 3-manifolds and related topics*, Prentice-Hall(1962), 120–167; R. H. Fox, Metacyclic invariants of knots and links, *Canad. J. Math.*, 22(1970), 193–201.

索　引

【数字・英字】

1 番アレクサンダー加群 (first Alexander module) 174
1-ハンドル (1-handle) 97
2-セル (2-cell) 17
2-ハンドル (2-handle) 97
3-セル (3-cell) 35
∞-近傍移動 (∞-neighborhood move) 97

A-スプライス (A-splice) 75

B-スプライス (B-splice) 75

Conway の標準形 (Conway's normal form) 51

k 番アレクサンダーイデアル (k-th Alexander ideal) 108
k 番アレクサンダー多項式 (k-th Alexander polynomial) 108
k 番初等イデアル (k-th elementary ideal) 107

n 重巡回被覆写像 (n-fold cyclic covering projection) 153
n 重巡回分岐被覆写像 (n-fold cyclic branched covering projection) 153

n 橋絡み目 (n-bridge link) 51

(p, a) 型レンズ空間 (lens space of type (p, a)) 155
p 彩色可能 (p-colorable) 169

S 同値 (S-equivalence) 101

$\mathbf{Z}_2$-拡大 ($\mathbf{Z}_2$-extension) 168
$\mathbf{Z}_2$-標準基底 ($\mathbf{Z}_2$-standard basis) 111

【ア行】

アカイラル (achiral) 10
アカイラル結び目 (achiral knot) 13
アニュラス (annulus) 44
アーフ不変量 (Arf invariant) 111
アレクサンダー加群 (Alexander module) 107
アレクサンダー多項式 (Alexander polynomial) 103
アレクサンダーの定理 (Alexander's theorem) 27, 34
安定化変形 (stabilization) 30
色 (color) 169
上次数 (upper degree) 87
同じ絡み目 (the same link) 7
同じ空間グラフ (the same spatial graph) 10
同じ結び目 (the same knot) 7

重み (weight) 77

【カ行】

概自明絡み目 (almost trivial link) 174
外部 (exterior) 151
カイラリティーの問題 (chirality problem) 11
カイラル (chiral) 10
可逆性の問題 (invertibility problem) 8
型 (type) 52
傾き (slope) 52
可約図式 (reducible diagram) 89
からみあい (entanglement) 174
絡み数 (linking number) 39
絡み目 (link) 7
絡み目不変量 (link invariant) 8
擬似素 (pseudo-prime) 142
奇数型プレッツェル結び目 (pretzel knot of odd type) 54
基底変換 (base change) 94
基点列 (sequence of base points) 21
基本変形 (elementary transformations) 59, 107
既約図式 (reduced diagram) 88
逆ブレイド (inverse braid) 24
行拡大 (row enlargement) 101
行縮小 (row reduction) 101
強同値 (strongly equivalent) 9
共役変形 (conjugation) 30
局所符号数 (local signature) 118
曲面結び目 (surface-knot) 173
曲面結び目群 (surface-knot group) 173
空間グラフ (spatial graph) 10
偶数型プレッツェル結び目 (pretzel knot of even type) 54
ゲーリッツ行列 (Goeritz matrix) 58
ゲーリッツ不変量 (Goeritz invariant) 60
交叉数 (intersection number) 44
交差数 (crossing number) 9, 21
交差点 (crossing point) 9
交差符号和 (writhe) 39
格子点 (lattice point) 140

交代絡み目 (alternating link) 88
交代図式 (alternating diagram) 88
こま結び (square knot) 88
コンウェイ多項式 (Conway polynomial) 105

【サ行】

ザイフェルト円周 (Seifert circle) 27, 34
ザイフェルト円周体系 (Seifert circle system) 27
ザイフェルト行列 (Seifert matrix) 93
ザイフェルト曲面 (Seifert surface) 33
ザイフェルトソリッドトーラス (Seifert solid torus) 161
ザイフェルト多様体 (Seifert manifold) 161
ザイフェルトのアルゴリズム (Seifert's algorithm) 33
辞書式順序 (lexicographic order) 23
指数 (exponent) 143
次数 (degree) 87
自然種数 (canonical genus) 36
下次数 (lower degree) 87
自明 (trivial) 173
自明絡み目 (trivial link) 7
自明なブレイド (trivial braid) 24
自明なループ (trivial loop) 21
自明結び目 (trivial knot) 7
弱同値 (weakly equivalent) 9, 145
種数 (genus) 35
状態和 (sum over states) 172
初等ブレイド (elementary braid) 25
初等変換 (elementary transformation) 144
ジョーンズ多項式 (Jones polynomial) 81
白黒彩色 (BW coloring) 58
深度 (depth) 60
スケイン多項式 (skein polynomial) 123
スケイン多項式族 (family of skein polynomials) 122
スケイントリプル (skein triple) 83
図式 (diagram) 17

ステイト (state) 77
スプライス (splice) 27
正交叉点 (positive intersection point) 43
整数格子点 (integral lattice point) 140
正三葉結び目 (positive trefoil knot) 6
接続線 (connection) 27
セル移動 (cell move) 17, 35
ゼロ縮小 (zero reduction) 116
全絡み数 (total linking number) 41
素な絡み目 (prime link) 37
ソリッドトーラス (solid torus) 155

【タ行】

退化次数 (nullity) 60
タングル (tangle) 9
単調 (monotone) 21
単点 (single point) 21
チェッカーボード彩色 (checker board coloring) 58
頂点 (vertex) 10
ツイスト結び目 (twist knot) 52
底空間 (base space) 162
同位変形 (isotopic deformation) 35
動画法 (motion picture method) 12
同型な絡み目 (link of the same type) 7
同型な空間グラフ (spatial graph of the same type) 10
同型な結び目 (knot of the same type) 7
同値である (be equivalent) 23, 60
特別図式 (special diagram) 34
トージョンアレクサンダー多項式 (torsion Alexander polynomial) 108
トポロジー（位相幾何学）(topology) i
トーラス (torus) 44
トーラス絡み目 (torus link) 50
トーラス結び目 (torus knot) 49

【ナ行】

長さ (length) 140, 142
ねじれ数 (twisting number) 41

ねじれ不変量 (torsion invariant) 60

【ハ行】

パーコ対 (Perko's pair) 149
橋数 (bridge number) 51
ハンドル拡大 (handle enlargement) 97
ハンドル縮小 (handle reduction) 97
ひずみ交差点 (warping crossing point) 22
ひずみ度 (warp degree) 22, 23
ひも (string) 6, 23
ヒュージョン (fusion) 112
ファイバー (fiber) 161
複雑度 (complexity) 23
負交叉点 (negative intersection point) 43
符号数 (signature) 118
負三葉結び目 (negative trefoil knot) 6
フライピング (flyping) 54
ブラケット多項式 (bracket polynomial) 75
フリプモス多項式 (flypmoth polynomial) 123
ブレイド (braid) 23
ブレイド群 (braid group) 25
ブレイド指数 (braid index) 28
プレッツェル絡み目 (pretzel link) 53
プロパー (proper) 111
分配関数 (partion function) 172
分離可能 (splittable) 20
分離不能 (non-splittable) 20
分離和 (split union) 20
分裂スプライス (fission splice) 125
閉ブレイド (closed braid) 26
辺 (edge) 10
ホップの絡み目 (Hopf's link) 7
ボロミアン環 (Borromean rings) 7
本質的なループ (essential loop) 45
ホンフリー多項式 (homfly polynomial) 123

【マ行】

マルコフ同値 (Markov equivalent)　30
マルコフの定理 (Markov's theorem)　30
マルコフ変形 (Markov moves)　29
向き (orientation)　17
無限巡回被覆写像 (infinite cyclic covering projection)　151
結ばれている (be knotted)　12
結び目 (knot)　6
結び目現象 (knotting phenomenon)　1
村杉の定理 (Murasugi's theorem)　89
メリディアン (meridian)　44, 155
メリディアンディスク (meridian disk)　44, 155
モートン，フランクス・ウイリアムスの不等式 (Morton, Franks-Williams inequalities)　134
もろて型の結び目 (amphicheiral knot)　13
モンテシノス絡み目 (Montesinos links)　162

【ヤ行】

山田の定理 (Yamada's theorem)　29
融合スプライス (fusion splice)　125
余核群 (cokernel group)　60

【ラ行】

ライデマイスター移動 (Reidemeister moves)　7
リボン結び目 (ribbon knot)　112
リンフトーフ多項式 (lymphtofu polynomial)　123
列拡大 (column enlargement)　101
列縮小 (column reduction)　101
連結 (connected)　127
連結指数 (connecting index)　58
連結和 (connected sum)　36
ローラン多項式 (Laurent polynomial)　80
ロンジチュード (longitude)　44, 155

著者紹介

河 内 明 夫
（かわうち あきお）

1977年	大阪市立大学大学院理学研究科後期博士課程 修了
現　在	大阪市立大学大学院理学研究科 特任教授
	理学博士
専　攻	位相幾何学（特に3，4次元多様体と結び目理論）
著　書	『結び目理論』（編著，シュプリンガー・フェアラーク東京，1990）
	『線形代数からホモロジーへ』（培風館，2000）など

共立叢書 現代数学の潮流
レクチャー結び目理論

2007年 6月25日 初版1刷発行
2018年 2月25日 初版3刷発行

検印廃止

NDC 415.7
ISBN 978-4-320-01697-2

Ⓒ Akio Kawauchi 2007
Printed in Japan

著　者　河内明夫
発行者　南條光章
発行所　共立出版株式会社
　　　　東京都文京区小日向 4-6-19
　　　　電話　東京 (03) 3947-2511 番（代表）
　　　　郵便番号 112-8700
　　　　振替口座 00110-2-57035
　　　　URL http://www.kyoritsu-pub.co.jp/

印　刷　加藤文明社
製　本　ブロケード

社団法人
自然科学書協会
会員

JCOPY ＜出版者著作権管理機構委託出版物＞
本書の無断複製は著作権法上での例外を除き禁じられています．複製される場合は，そのつど事前に，出版者著作権管理機構（TEL：03-3513-6969，FAX：03-3513-6979，e-mail：info@jcopy.or.jp）の許諾を得てください．

◆ 色彩効果の図解と本文の簡潔な解説により数学の諸概念を一目瞭然化！

ドイツ Deutscher Taschenbuch Verlag 社の『dtv-Atlas事典シリーズ』は，見開き2ページで1つのテーマが完結するように構成されている。右ページに本文の簡潔で分り易い解説を記載し，かつ左ページにそのテーマの中心的な話題を図像化して表現し，本文と図解の相乗効果で理解をより深められるように工夫されている。これは，他の類書には見られない『dtv-Atlas事典シリーズ』に共通する最大の特徴と言える。本書は，このシリーズの『dtv-Atlas Mathematik』と『dtv-Atlas Schulmathematik』の日本語翻訳版。

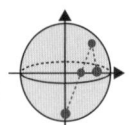

カラー図解 数学事典

Fritz Reinhardt・Heinrich Soeder ［著］
Gerd Falk ［図作］
浪川幸彦・成木勇夫・長岡昇勇・林 芳樹 ［訳］

数学の最も重要な分野の諸概念を網羅的に収録し，その概観を分り易く提供。数学を理解するためには，繰り返し熟考し，計算し，図を書く必要があるが，本書のカラー図解ページはその助けとなる。

【主要目次】 まえがき／記号の索引／序章／数理論理学／集合論／関係と構造／数系の構成／代数学／数論／幾何学／解析幾何学／位相空間論／代数的位相幾何学／グラフ理論／実解析学の基礎／微分法／積分法／関数解析学／微分方程式論／微分幾何学／複素関数論／組合せ論／確率論と統計学／線形計画法／参考文献／索引／著者紹介／訳者あとがき／訳者紹介

■菊判・ソフト上製本・508頁・定価（本体5,500円＋税）■

カラー図解 学校数学事典

Fritz Reinhardt ［著］
Carsten Reinhardt・Ingo Reinhardt ［図作］
長岡昇勇・長岡由美子 ［訳］

『カラー図解 数学事典』の姉妹編として，日本の中学・高校・大学初年級に相当するドイツ・ギムナジウム第5学年から13学年で学ぶ学校数学の基礎概念を1冊に編纂。定義は青で印刷し，定理や重要な結果は緑色で網掛けし，幾何学では彩色がより効果を上げている。

【主要目次】 まえがき／記号一覧／図表頁凡例／短縮形一覧／学校数学の単元分野／集合論の表現／数集合／方程式と不等式／対応と関数／極限値概念／微分計算と積分計算／平面幾何学／空間幾何学／解析幾何学とベクトル計算／推測統計学／論理学／公式集／参考文献／索引／著者紹介／訳者あとがき／訳者紹介

■菊判・ソフト上製本・296頁・定価（本体4,000円＋税）■

http://www.kyoritsu-pub.co.jp/　共立出版　（価格は変更される場合がございます）